高职高专精品课系列

基于Android平台的移动终端应用开发实践

何福贵 编著

内容简介

Android 系统引领了终端智能化的浪潮，它为网络而生，通过 TCP/IP 网络，一头连着终端设备，一头连着云。在民用、公共及工业等诸多领域得到广泛应用，涉及手持终端、电视、汽车导航、工业控制等，在云计算、设备智能化等方面表现卓越。Android 也凭借着自身的优势，得到越来越多的企业及开发工程师的青睐。

本书详细讲解移动互联网、Android 应用程序开发和基于 Android 的智能终端应用三部分内容。第一部分包括 1~2 章，介绍移动互联网和移动互联网的终端；第二部分包括 3~6 章，详细介绍 Android 应用程序的架构和开发环境的配置、Android 界面设计、创建 Android 应用程序和 Android 中数据的存储和访问；第三部分包括 7~9 章，介绍三种典型的基于 Android 的智能终端的应用，即智能终端实现定位服务和地图、智能终端访问网络摄像头、智能终端访问智能电表或智能插座。

作为 2014 年全国职业院校技能大赛“移动互联网应用软件开发”赛项的指导教师，本书作者对移动互联的相关内容进行了深入研究。在本书的写作过程中，力求紧跟主流技术，在内容的编排上遵循先总体、后局部的原则，充分体现实用性，尽可能选取最新、最实用的技术，通过设计理论与实际相结合的案例实训，力求使学生掌握基本和高级的知识点。各章之间紧密联系，前后呼应，循序渐进，并且融入大量实例，供读者参考和实践。本书编写层次分明、内容全面、图文并茂、示例丰富、讲解由浅入深，旨在帮助读者快速入门并掌握 Android 应用的开发。

本书适用于对 Java 编程有一定基础、希望掌握 Android 智能终端开发的读者，也适合作为高等职业院校物联网或计算机专业教材、Android 程序设计的培训教材，还可供广大 Android 开发爱好者使用。

前言

感谢您选择本书，为了帮助您更好地学习本书内容，请仔细阅读下面的介绍。

移动通信和互联网成为当今世界发展最快、市场潜力最大、前景最诱人的两大业务。当今，我国已成为全球最大的智能终端设备市场，市场上的活跃智能终端数量已达 2.61 亿部以上，占全球统计口径的 24%。同时，移动互联网建设及其各种行业应用方兴未艾，发展势头强劲。移动互联产业、行业、企业的高速发展，迫切需要更多的技术技能型人才。

本书主要针对移动互联网领域，以移动终端为应用平台，研究移动互联的应用。通过本书的学习，可以牢固掌握 Android 编程技术的基本概念、原理和编程方法，通过实践的灵活运用，能够进行应用程序的实际开发，使读者获得必要的移动互联的基础知识和应用技能，为培养综合应用能力打下基础。

全书共 9 章，内容概括如下：

第一部分包括 1～2 章，介绍移动互联网的相关知识。

第 1 章介绍移动互联网的相关概念、移动互联网在中国的发展历程、国内外移动互联网发展现状、国内移动互联网业务发展现状、移动互联网发展中所面临的问题和移动互联网的未来。

第 2 章介绍平板电脑的特点、平板电脑在移动互联的应用、智能手机的基本功能、智能手机的硬件架构和智能手机在移动互联的应用。

第二部分包括 3～6 章，介绍 Android 应用程序的相关内容。

第 3 章介绍 Android 的发展历程、发行版本、Android 系统构架、Android 应用程序框架和 Android 开发环境的搭建。

第 4 章介绍 Android 用户界面的相关知识，包括用户界面框架、Android

的Activity及 Android 布局、样式和主题。

第 5 章介绍 Android 应用程序的相关知识，包括 Android 项目目录结构、事件处理机制、应用程序消息处理机制、Service 组件和 Android 实现多任务。

第 6 章介绍 Android 系统中应用程序存储和访问数据的方法，主要介绍 Android 提供了 6 种持久化应用程序的数据存储方法，其选择方式依赖于具体需求：① 共享偏好使用键值对的形式保存私有的原始数据；② 内部存储在设备的内存上保存私有的数据；③ 外部存储在共享的外部存储器上保存公共的数据，这是扩充的存储，可以任意移除；④ SQLite 数据库在私有的数据库中保存结构化的数据；⑤ 网络连接把数据保存在自己的互联网服务器上；⑥ Android 提供了内容提供器，能够把私有数据公开给其他应用程序。

第三部分包括 7～9 章，介绍典型的基于 Android 的智能终端的应用。

第 7 章介绍使用 Android 开发地图应用程序中的定位和地图。介绍定位使用 Android 类的种类、作用及相互之间的关系，给出使用 Android 定位的例子；介绍百度地图开发的方法，给出使用 Android 开发百度地图的例子。

第 8 章介绍网络摄像机的用途和发展方向，详细介绍智能手机访问网络摄像机的系统结构、网络摄像机的参数设置、智能手机端视频监控软件的实现等。

第 9 章介绍智能电表和插座的远程访问接口格式，介绍智能手机访问智能电表或插座的方案，介绍 Android 访问智能电表或智能插座的实现方案，包括智能手机和平板电脑之间的数据通信、平板电脑和转接器之间的蓝牙通信。

本书有以下 4 个特点：

(1) 面向应用。本书按照应用的特点进行编写，以案例为主线进行内容的讲解。

(2) 有序分类。按照循序渐进的学习方式，对学习内容重新进行整理排列，使得每一章既具独立性，整体上又有完整性。

(3) 体现新技术的使用。

(4) 每一主要章的最后都有综合实例，是对本章内容的综合应用。

对在写作过程中给予帮助的朋友们，在此表示深深的谢意，同时感谢复旦大学出版社给予的帮助。由于编写时间仓促，加之作者水平有限，书中疏漏和错误之处在所难免，望广大专家、读者提出宝贵意见，以便修订时加以改正。

目　录

第1章 移动互联网概述

本章要点

通过对本章内容的学习，你应了解和掌握如下问题：

- 移动互联网的概念和特点
- 移动互联网的主要应用
- 移动互联网的发展趋势

章首引语： 移动互联网是一个全国性、以宽带IP为技术核心，可同时提供话音、传真、数据、图像、多媒体等高品质电信服务的新一代开放的电信基础网络，是国家信息化建设的重要组成部分。移动互联网已超越互联网，引领发展新潮流。

§1.1 移动互联网简介

移动互联网是移动和互联网融合的产物，继承了移动随时、随地、随身和互联网分享、开放、互动的优势，是整合二者优势的“升级版本”，即运营商提供无线接入，互联网企业提供各种成熟的应用。

一、移动互联网的定义

移动互联网的概念于20世纪末提出，在21世纪前10年获得飞速发展。作为一个新兴的事物，无论是业界还是学界，对其定义众说纷纭，至今未达成共识。对移动互联网的定义主要有以下 3 种看法，如表 1－1 所示。

表 1－1　移动互联网定义分类

分　类	部　　门	定　　　义
融合论	工业和信息化部电信研究院	移动互联网是以移动网络作为接入网络的互联网服务，包括移动终端、移动网络和应用服务 3 个要素。
	中国移动	移动互联网是移动通信和互联网的融合，这种融合体现在以下几个方面：首先是移动终端趋于融合，手机和互联网趋于融合；其次是移动通信网络逐步向 IP 方向不断迈进，与现有互联网结构不断融合；最后是内容和应用也逐渐趋于一致性。
	肖志辉	移动互联网是移动通信和互联网的结合。
技术论	CNNIC	通过手机终端进行防伪、移动通信网络进行数据传输的互联网。
	易观国际	基于移动通信技术、广域网、局域网及各种移动信息终端按照移动的通信协议组成的互联网络。
	全球 IP 通信联盟	以宽带 IP 为技术核心，可同时提供话音、传真、数据、图像等高品质电信服务的新一代开放的电信基础网络。
相对论	王栋	相对固定互联网而言，移动互联网即用户通过无线智能终端在移动状态下使用互联网的网络资源。

二、移动互联网的特点

1. 个性化

个性化特点主要体现在两个层面：一是用户层面。在移动互联网发展的过程中，应用商店中的应用和服务越来越多，而用户在选择时往往根据自己的需要和爱好，即使是在同一应用或服务的使用上，用户的消费行为和习惯也不尽相同。甚至在移动终端，用户可以根据自身的需要进行专门的定制。二是应用和服务层面。用户在具体的使用过程中，服务器将会检测用户的手机号，将此作为登录账号为用户提供服务，同时对用户既往的消费特征、位置信息进行分析，为用户提供更有针对性的个性化服务。

2. 真实性

与虚拟化的传统互联网不同，移动互联网的真实性更强：在移动互联网上，用户的身份直接建立在其手机号码之上，而手机号码通常与用户的真实身份绑定。因此，用户之间的社交关系更具真实性，而手机号码也成为用户网络价值的集中体现。移动互联网的应用和服务一开始就建立在真实的用户身份和真实的社交关系基础之上，这是移动互联网区别于传统互联网的关键属性。

3. 碎片化

与传统的互联网不同，用户在使用移动互联网时呈现一种碎片化的趋势：一是使用时间的碎片化。与使用计算机上网不同，用户使用移动终端上网都是一些零碎的片段时间，时间短且极易被打扰。二是信息获取的碎片化。用户使用时间的碎片化导致在获取信息时往往流于表面，不够深入。三是体验的碎片化。由于一次使用时间较短，使得用户要通过多次体验才能对产品和服务形成较深的印象，而第一印象则是用户体验的关键。

移动互联网浪潮正在席卷社会的方方面面，新闻阅读、视频节目、电商购物、公交出行等热门应用都出现在移动终端上，在苹果和 Android 商店的下载已达到数百亿次，而移动用户规模更是超过计算机用户。这让企业级用户意识到移动应用的必要性，纷纷开始规划和摸索进入移动互联网，客观上加快了企业级移动应用市场的发展。

§1.2　移动互联网在中国的发展历程

中国移动于 2000 年推出"移动梦网"，拉开了中国移动互联网的大幕，直到 2011 年中国移动互联网的十几年发展历程大致可分为以下 4 个阶段。

一、萌芽阶段

中国移动于 2000 年推出"移动梦网"业务，移动互联网正式在中国落地扎根。2000—2003 年，中国移动互联网处于萌芽阶段。这个阶段的用户规模只有 1 000 多万，市场规模仅有 30 亿元，产品主要是以移动运营商推出的移动互联网门户为主。由于技术和硬件的限制，该阶段的发展比较缓慢。

萌芽阶段大事件：

(1) 2000 年，中国移动推出"移动梦网"；

(2) 2002 年，空中网(移动互联网娱乐产品服务提供商，《坦克世界》代理商)成立；

(3) 2003 年，中国移动推出彩铃业务。

二、门户时代

2004—2005 年，以 Freewap 为代表的门户快速发展，中国移动互联网进入门户时代。该阶段的用户数量达到 2 700 万，而市场规模达到 54 亿元。以中国移动为代表的移动运营商的运营模式，依旧以传统移动增值业务的付费下载为主。

门户时代大事件：

(1) 2004 年，3G 门户网正式上线；

(2) 2004 年，优视动景公司正式发布 UCWEB；

(3) 2004 年 3 月，TOM 在线（无线互联网增值服务公司，其产品有 TOM - Skype 等）在香港联交所和纳斯达克同步上市；

(4) 2004 年 7 月，空中网登录纳斯达克。

三、产业布局阶段

2006—2008 年是中国互联网行业的产业布局阶段。移动运营商积极推出移动互联网业务，大量互联网企业开始进军移动互联网市场，iPhone 的发布拉开智能终端的竞争序幕。众多企业都在积极布局移动互联网，以抢占这块新兴市场。除此之外，移动互联网应用也在快速增加。此阶段用户数量上升到 5 000 万，市场规模增至 110 亿元。

产业布局阶段大事件：

(1) 2005 年 2 月，华友世纪（无线互联网及文化传播整合服务提供商，"三国杀"代理商）登录纳斯达克；

(2) 2006 年，中国移动推出即时移动通信平台——飞信；

(3) 2007 年开始，互联网及终端企业相继独立开展移动互联网业务；

(4) 2007 年，苹果推出 iPhone 手机；

(5) 2007 年，谷歌发布 Android 手机操作系统；

(6) 2008 年，工信部宣布将 6 家电信公司整合为 3 家，并依此发放 3G 牌照：中国电信运营商重组；拆分中国联通，将联通现有的码分多址（code division multiple access, CDMA）和全球移动通信系统（global system for mobile communication, GSM）分离，CDMA 网并入中国电信，整合 GSM 网和中国网通成立新联通；中国铁通并入中国移动；

(7) 2008 年，苹果开放第三方应用程序（application, App）商店。

四、3G 时代

2009 年，中国各家移动运营商正式获得 3G 运营牌照，中国移动互联网的 3G 时代来临。技术的进步和智能终端的快速发展，使得整个行业的前景日渐明朗，而产业链各环节的竞争日益激烈。同时，以微博为代表的应用和服务呈爆炸式增长。目前，整个行业的竞争主要集中在应用、平台、终端 3 个方面。该阶段的市场规模迅速增至 800 多亿元，用户数量也达到 4.3 亿，整个行业呈现跨越式发展。

3G 时代大事件：

(1) 2009 年 1 月，三大移动运营商正式取得 3G 运营牌照；

(2) 2009 年，新浪推出微博；

(3) 2010 年，苹果发布 iPad，平板电脑快速发展；

(4) 2010 年 2 月，盛大投资部门分拆盛大资本，专注投资移动互联网；

(5) 2010 年 3 月，网易将主营业务调整至移动互联网；

(6) 2010 年 11 月，联想成立天使基金投资移动互联网，首期投资 1 亿元；

(7) IDG(投资机构)和网龙(网游公司)成立 5 000 万美元的移动互联网基金；

(8) 2010 年 12 月，九城、华岩资本等组建成就基金，投入 1 亿元新浪专项基金投资移动互联网；

(9) 2011 年开始，腾讯创立腾讯产业共赢基金，全线出击互联网及移动互联网；

(10) 2011 年 3 月，"十二五"规划明确指出，加快中国"大互联网"时代进程；

(11) 2011 年全年，中国移动互联网产业投资历年创新高；

(12) 2012 年，移动互联网在全球掀起产业浪潮，O2O 市场规模达到 986.8 亿元，截至 2012 年底，中国移动电子商务用户规模达到 1.49 亿元，中国手机游戏规模达到 58.7 亿元；

(13) 2013 年是中国移动互联网爆发增长的一年，整个行业呈现蓬勃发展的态势：手机游戏用户累计规模已达 2.86 亿，中国移动教育市场规模达到 5.6 亿元。

§1.3 国内外移动互联网发展现状

移动互联网是一种通过智能终端，采用移动无线通信方式获取业务和服务的新兴业态，包含终端、软件和应用 3 个层面，如图 1-1 所示。终端层包括智能手机、平板电脑、可穿戴设备、电子书、移动互联网设备(mobile internet device，MID)等；软件包括操作系统、中间件、数据库和安全软件等；应用层包括休闲娱乐类、工具媒体类、商务财经类等不同应用与服务。随着技术和产业的发展，未来长期演进(long term evolution，LTE，4G 通信技术标准之一)和近场通信(near field communication，NFC，移动支付的支撑技术)等网络传输层关键技术也将被纳入移动互联网的范畴之内。

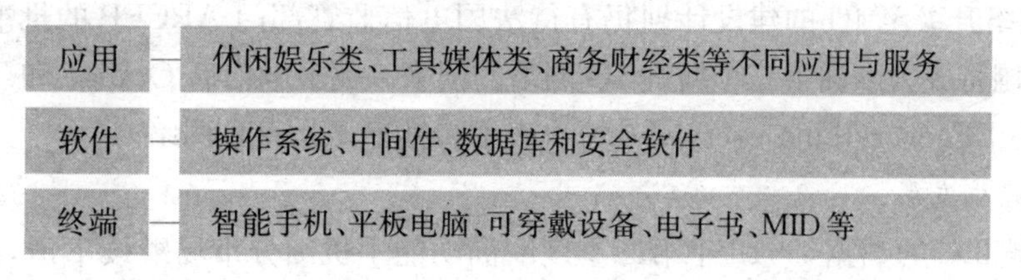

图 1-1 移动互联的层次

1.3.1 国外移动互联网业务发展现状

一、美国

随着3G网络在美国的开通，美国移动互联网发展进入高速成长期，在2007年11月至2008年11月的一年间，使用移动终端浏览新闻、获取信息以及进行娱乐的人数上升了52%，高于欧洲国家42%的发展速度，且呈现出不断加速的趋势。根据互联网流量监测机构ComScore公布的2009年1月统计数据，该用户数已经上升至6 320万，比2008年上涨71%。该机构公布的数字还显示，每周至少一次和每天至少一次使用移动互联网的用户数分别同比增长87%和107%，达1 930万和2 240万。其中每日用手机上网的用户最常登录Facebook，MySpace等移动社交网站以及博客，用户数同比大幅上升427%，达930万人，用户的其他活动主要包括浏览一般新闻和娱乐新闻。在终端方面，苹果iPhone手机目前已占据美国智能手机上网流量的50%，而谷歌的Android手机自上市以来已争夺了手机上网流量5%的份额，两款手机在网络流量方面的强势充分反映出用户对浏览器的性能和丰富的网络应用程序需求强烈。美国目前已有两个城市开通4G网络，为用户提供更高速的上网服务。从美国移动互联网市场前景来看，据美国市场研究公司Tellabs的市场调查数据，约有71%的美国手机用户有意于今后两年内在日常生活工作中使用移动互联网及其他移动数据服务。因此可预期，在网站平台设计的开放战略影响下，随着终端设备的持续创新、数据计划的不断推广，以及网络基础服务的更好提供，美国移动互联网市场将获得进一步迅速发展，今后12个月内美国市场移动互联网用户数量将可能大幅增长。

二、欧洲

欧洲地区移动互联网发展较早，由于涉及国家众多，基于移动互联网的网络环境发展并不统一，使得欧洲地区移动互联网发展呈现如下5个特征：

1. 网络发展

欧洲国家发展3G网络建设较早，由于涉及国家较多，不同国家的3G网络覆盖情况不同。根据国际电信联盟统计，德国的3G网络覆盖率为36%，法国和西班牙分别为45%和57%。在LTE建设方面，德国T-Mobile公司1 800 MHz的LTE网络已经覆盖德国60多个城市，法国电信商Bouygues持有1 800 MHz频谱并计划开始建设LTE网络，但将2G网络升级至4G的建设计划仍有待法国电信监管部门ARCEP的批准。如果审批通过，法国将成为欧洲第三个拥有4G网络的国家。英国电信商Orange和T-Mobile的合资公司EE(everything everywhere)也表示将推出4G LTE网络。

2. 终端发展

根据IDC的数据，2012年第二季度欧洲功能手机细分市场继续下滑，出货量1 470万台，比2011年第二季度的2 110万台下降30%。智能手机的总出货量同比增长

26%，占总出货量的65%，其中，三星手机的市场占有率最高(占41%)，诺基亚手机的市场份额稳定(占10%)，RIM手机的出货量下降37%，市场份额也下降为4.5%，索尼/索尼爱立信手机的表现出色(索尼的Xperia S和Xperiaü的营销活动在整个欧洲获得支持)。

3. 业务发展

根据2012年5月ComScore的调研数据可知：欧洲五国手机用户中，使用智能手机的用户为48.8%，使用应用的用户为42.7%，使用浏览器的用户为42.4%，玩游戏的用户占29.7%，发短信的用户达83.1%，听音乐的用户为28.9%，访问社交网络或博客的用户为29%。

4. 移动社交

ComScore最近调查指出，23.5%的法国、德国、意大利、西班牙和英国用户通过移动设备访问社交网络。46.8%的用户每日都登录社交网络，这些每日活跃用户的增长速度甚至高于移动社交网络用户(两者比例分别为67%和44%)，通过移动浏览器访问社交网络的用户达3 130万，而访问社交网络应用程序的用户为2 420万。Facebook在这欧洲五国中的移动用户比例已达71%(3 900万人)，比去年增长54%。近860万用户通过移动设备访问Twitter，而LinkedIn用户比例增长134%，共达220万。

5. 移动电子商务

根据2012年5月ComScore的数据，12.4%的欧洲五国用户于2012年5月在手机上购买过产品或服务，在访问移动零售网站的1 950万用户中，75%的用户有实际购买行为。手机购物最流行的产品类型包括：服装和配饰，购买受众比例达到4.3%；图书为3.2%；电子产品和家庭用品为3.1%；票务和个人护理分别为3.1%和2.1%。

三、日本

日本移动互联网市场启动时间较早，自1999年2月NTT DoCoMo推出iMode服务以来，移动互联网业务种类不断推陈出新，Wireless Watch Japan发布的数据显示近年来日本移动互联网用户规模稳步扩大。截至2009年5月的数据显示，移动互联网用户数占移动用户数的85.8%。日本移动运营商不断推动移动互联网和固定互联网的互通与融合，业务种类日益丰富，形成以搜索、电子商务和社交网站为主的成熟的商业模式。根据VRI调查公司的调查结果，日本移动互联网的搜索、电子商务、社会性网络服务(social network site，SNS)已经成为主流媒体平台和盈利模式。DoCoMo公司采用的iMode模式，使用通用HTML格式，对手机终端实行免费且由运营商控制，与内容提供商建立合作开发内容服务，针对不同业务制定合理资费及创新营销理念，为日本乃至全球移动互联网的成功运营提供了很好的范例。日本本土15～35岁的主流用户群的成长，正在不断催生日本移动互联网产业的繁荣。

2013年12月底，其移动数据业务收入约占全球38%的份额，接近一半的日本人使用移动互联业务，其中80%在3G终端使用业务。除了数据接入费和广告费之外，来自移动内容和移动商务的收入超过50亿美元。日本移动运营商提供的主要移动互联网业务，包括移动音乐、移动搜索、移动社交网和互联网术语(user generated content，UGC)、移动电视和 NFC 应用、基于位置的服务和移动广告。

1.3.2 国内移动互联网业务发展现状

继缓慢发展的起步阶段之后，中国移动互联网进入快速发展时期，移动互联网各种业务的使用率和普及率逐步提高，渐渐融入人们的生活。只有短短十几年的发展时间，中国移动互联网已具备相当的规模。

一、移动互联网发展的直接动力来自移动通信和互联网的发展与普及

在通信业方面，2010 年底中国电话用户累计达 8.5 亿户，3G 用户累计达 4 700 万户。同时，互联网发展态势迅猛。2011 年底中国网民规模达 5.13 亿，新增网民 5 500 万人，普及率为 38.3%，比 2010 年增长 4%。截至 2013 年 12 月，中国网民规模达 6.18 亿，全年共计新增网民 5 358 万人，互联网普及率为 45.8%，较 2012 年提升 3.7%。

随着互联网的快速发展，人们足不出户便能了解世界的变化、查询所需的信息或者放松自己的生活。

在通信行业和互联网共同推动下，中国移动互联网在短短十几年间取得惊人的发展成就。截至 2011 年 12 月，中国手机网民规模达到 3.56 亿，比 2010 年增长 17.5%，占整体网民比例的 69.3%，较 2010 年底增长 5 285 万人；截至 2013 年 12 月，中国网民规模达 6.18 亿，网民中使用手机上网的人群占比由 2012 年的 74.5%提升至 81.0%，手机网民规模继续保持稳定增长。3G 业务的推广和普及，我国手机网民规模将会迎来新的发展高峰期。

二、移动互联网市场规模持续增长

随着 3G 技术的成熟和普及，如今智能移动终端的功能已有与计算机媲美之势。无线网络在大中城市的推广，无论身在城市何处，只要打开智能移动终端，就能享受一系列应用服务。

移动商务、移动搜索、应用商店等业务在市场上表现良好，中国移动互联网的市场规模发展迅速：2008 年市场规模达到 120.1 亿元，比 2007 年增长 42.3%；2009 年市场规模达到 170.8 亿元，比 2008 年增长 42.2%；2010 年市场规模达到 199 亿元，比 2009 年增长 16.5%；2011 年市场规模达到 390 亿元，比 2010 年增长 97.5%。移动互联网存在巨大的市场潜力，各项业务在市场上的表现也非常抢眼。图 1－2 所示的艾瑞咨询发布的数据显示，中国移动电子商务在 2011 年的市场规模达到 114.6 亿元，比 2010 年增长 416.2%；2011 年移动营销市场的规模达到 24.2 亿元，比 2010 年增长 101.7%；2011 年移动游戏的市场规模达到 39 亿元，同比增长 51.9%；2011 年移动增值市场规模达到 182.6 亿元，同比增长 57.3%；2013 年中国移动互联网市场规模达到 1 059.8 亿元，同比增速 81.2%；预计到 2017 年，市场规模将增长约 4.5 倍，接近 6 000 亿元。移动互联正在深刻影响人们的日常生活，移动互联网市场进入高速发展通道。

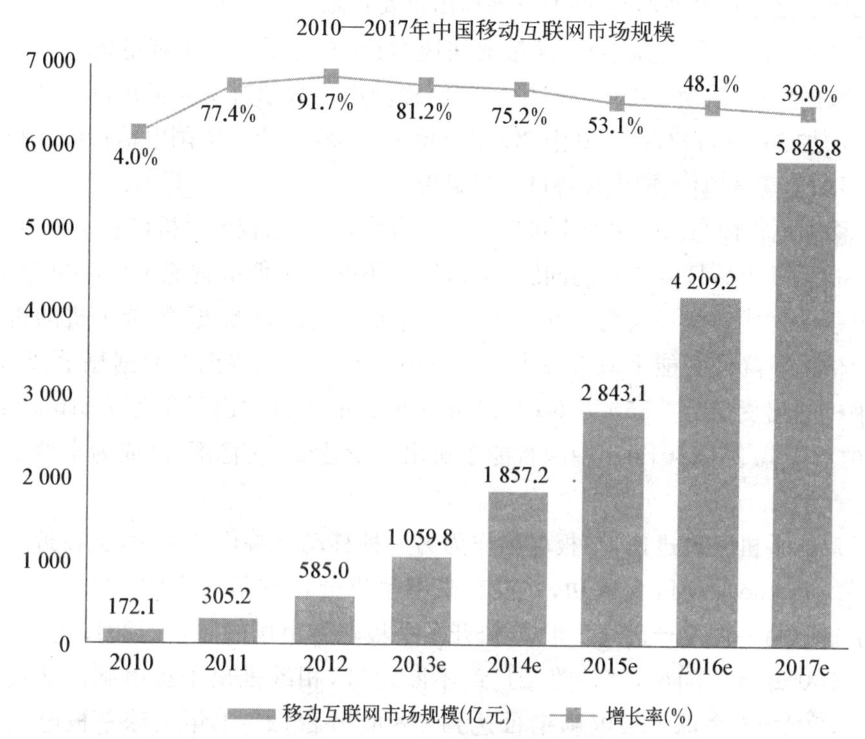

图 1-2　2010—2017 年中国移动互联网市场规模

注释：① 中国移动互联网市场规模包括移动增值、移动购物、移动营销、移动搜索、移动游戏等细分领域市场规模总和；② 从 2012 年第二季度开始，移动购物统计的市场规模为营收规模；③ 从 2011 年第四季度开始，移动互联网市场规模包括手机和平板电脑两类移动设备上创造的市场规模总和。

来源：根据企业公开财报、行业访谈及艾瑞统计预测模型估算，仅供参考。

以上数据充分表明中国移动互联网正处于快速发展时期，有着巨大的市场潜力。

三、移动终端日益丰富

苹果公司于 2007 年推出的 iPhone 手机给移动终端市场带来革命性的变化。其销量在推出的一个星期之内就突破 100 万部，截至 2012 年苹果手机总销量达到 3 亿部。

iPhone 系列的成功加速了智能手机的普及程度，以摩托罗拉、三星以及 HTC 等为代表的终端制造商纷纷推出智能手机，抢占移动终端市场。除了传统的手机厂商，中国三大移动运营商也开始向移动终端布局、争夺市场。2009 年，中国联通宣布与苹果公司合作，正式成为苹果公司在中国的销售代理商。中国电信则积极推进旗下的终端产业生态系统(CDMA)的建设，吸引了近 300 家终端厂商和设备制造商加入 CDMA；中国电信与摩托罗拉等著名手机厂商合作，推出了 MOTO XT800，MOTO ME811 等智能手机；同时，引入了RIM旗下的黑莓手机。

2012 年 CDMA 终端产业链合作伙伴规模不断扩大：上游各类合作伙伴数量比 2011 年增加 70 余家，总数达 483 家；终端品牌达到 236 个，比 2011 年增加 47 个；各类在售 CDMA 终端超过 1 500 款，比 2011 年增加 36%。天翼终端市场的规模化发展，也有力促进了终端社会化运营水平，为终端的发展作出重要贡献。

CDMA 终端产品的日益丰富、销量的快速增长，有力推动了中国电信天翼用户的规模发展。数据显示，截至 2012 年底，中国电信移动用户数超过 1.6 亿户，比 2011 年底的 1.29亿户增加 3 000 万户以上，其中 3G 用户超过 7 000 万户。中国电信持续保持全球最大的 CDMA 运营商地位，规模优势进一步显现。

中国移动也积极与国际主要手机厂商展开合作，其下的智能手机已有 400 多款。

在智能手机产品日益丰富的同时，手机厂商不断推出低端智能手机以争夺用户，而且以中国移动为代表的运营商正在加大千元智能手机的普及度，智能手机的价格不断下降。价格的下降使智能手机进一步在用户中普及。艾瑞咨询的数据显示，2010 年中国智能手机的出货量为 3 550 万部；2011 年中国智能手机的出货量为 7 210 万部，同比 2010 年增长 103.2%；2012 年中国智能手机出货量达 2.24 亿部，已成为全球最大的智能手机生产国。

除了智能手机发展迅速，平板电脑作为另一种移动终端代表产品，也在近几年获得快速发展。iPhone 取得巨大成功，并没有禁锢苹果公司创新的步伐。2010 年，苹果公司发布了旗下另一明星产品——iPad，拉开了平板电脑市场的序幕。2010 年，iPad 销量就达到 1 500 万台。随后，其他终端厂商不断跟进，相继推出平板电脑。艾瑞咨询的数据显示，2010 年全球平板电脑销量达到 1 800 万台；2011 年全球平板电脑销量达到 7 400 万台，其中苹果公司的 iPad 在平板电脑市场处于绝对领先地位，其市场占有率为 68%；2013 年全球平板电脑销量已达 1.95 亿台，其中 Android 占 62%，苹果占 36%。

智能手机和平板电脑的快速发展，吸引了众多企业纷纷加入移动终端领域，移动终端市场的竞争将会更加激烈。激烈的竞争又将推动移动终端的普及程度，促进整个移动互联网市场的发展。

四、丰富多彩的应用

移动互联网迅速发展的一个重要方面就是应用日益丰富多彩。五彩缤纷的移动互联网应用，离不开产业链上各市场主体的共同努力。图 1 - 3 给出移动互联网各项业务的市场发展状况，呈现出繁荣发展的局面。

图 1 - 4 中的 2010—2017 年中国移动互联网细分行业结构占比表明，2013 年移动购物在移动互联网市场规模中占比为 38.9%(居于首位)，未来 5 年将继续扩大，到 2017 年占比预计达到 55.0%；移动营销也将稳步提升，到 2017 年预计达到 21.8%；移动增值的占比将受到挤压；移动游戏领域经历 2013 年的疯狂后，预计仍将保持快速增长，整体占比将保持相对稳定。

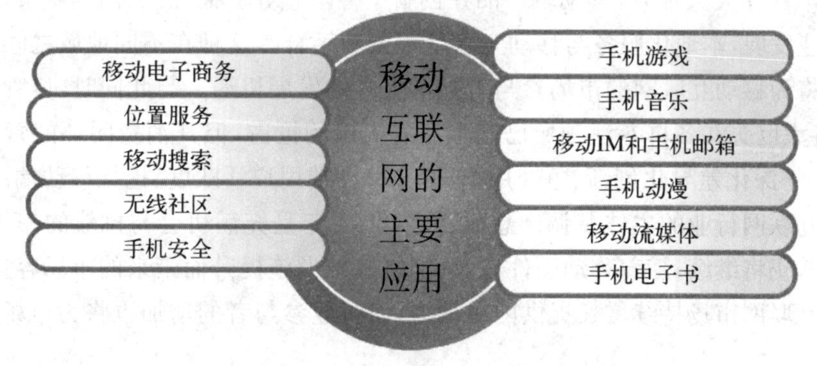

图 1－3　移动互联网的主要应用

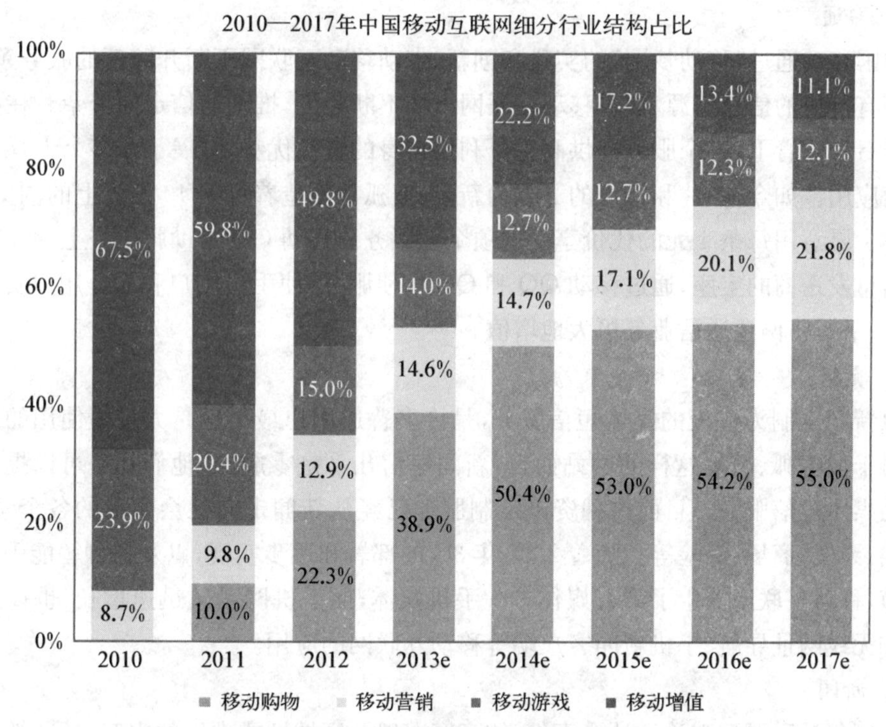

图 1－4　2010—2017 年中国移动互联网细分行业结构占比

注释：① 移动营销包括移动搜索、应用广告、移动视频广告等；② 从 2012 年第二季度开始，移动购物统计的市场规模为营收规模；③ 2013 年中国移动互联网市场规模为 1 059.8 亿元。

来源：综合企业财报及专家访谈，根据艾瑞统计模型核算。

2013 年是移动互联网市场加速“重塑、培育、共建”的一年。4G 的商用，虚拟运营商的进入，投资并购案的增多，无不显示移动互联网市场正在经历深刻的行业变革与进化。各类玩家经历了过去四、五年的摸索与尝试，形成对这个市场更多的认知，商业模式的探索渐出成效，将开启移动互联网市场规模快速增长的通道。

2014 年，伴随着终端价格的降低、移动网民的快速渗透和网络基础设施的日益完善，移动互联网市场将向内陆城市深度辐射，在一、二线城市呈现出平稳快速发展，移动互联应用形态丰富性大大提升，移动端产品在创新中寻求差异。而在三、四线城市，移动互联网市场加速发展，本地化服务与移动互联呈现创新结合。这种在不同地域之间的多元发展态势也将为移动互联网的市场参与者提供更多的发展机遇。与此同时，尽管在过去的一年内，各大巨头在各自专注领域已基本完成入口的抢占，但其消费闭环的营造尚未完结，未来一年深化差异化创新、争夺用户、提升移动端用户活跃度、挖掘移动端流量价值，将是移动互联网行业的主体基调。总而言之，2014 年是充满机会与挑战的一年，市场中的投资并购仍将继续，随着移动硬件普及、网络基础设施提升而带来的市场容量的扩张，将为移动互联网市场持续增长提供内源动力，而行业参与者的增加也将为市场竞争注入活力。

下面介绍移动互联的 20 种典型应用。

1. 沟通

中国移动通过“移动梦网”的实践和创新，带动移动互联网不断开辟新的服务领域，提供更多有价值的信息资源，促进移动互联网市场不断壮大，推动通信走向繁荣。在中国移动的号召和监管下，各个服务提供商充分利用自身的资源优势，开展了众多令人耳目一新的短信应用。如今，图片和铃声的下载为新浪、搜狐等创造着每天 40 万以上的浏览量，其中有不少愿意用每条 1 元的代价享受这项个性服务。移动 QQ 帮助腾讯登上“移动梦网”第一信息发送商的宝座，通过移动 QQ 和 QQ 信使服务，使手机用户和 QQ 用户实现双向交流，一下子将两项通信业务极大地增值。

2. 资讯

以新闻定制为代表的媒体短信服务，是许多普通用户最早也是大规模使用的短信服务。对于像搜狐、新浪这样的网站而言，新闻短信几乎是零成本，他们几乎可以提供国内最好的媒体短信服务。目前这种资讯定制服务已经从新闻走向社会生活的各个领域，例如股票、天气、商场、保险等。随着 2009 年 3G 的部署和逐步实现，以及各种智能手机的不断上市，移动互联网催生了第五媒体——手机媒体，而手机网民的迅速增长，也捧红了一批诸如无线网址导航、手机新闻客户端等移动互联网的应用。

3. 新闻

新闻包括重要的政治和社会事件、体育赛况以及区域性或本地的内容，还能够以用户喜欢的语言和格式发送。一些新闻提供者(包括 CNN，Reuters)已经向移动用户提供这种信息。无线应用通信协议(wireless markup language，WAP)也为直接性和目标性很强的广告提供通道，根据用户的选择和用户地址，把广告直接“推入”到用户的设备上。据艾瑞网 2009 年 7 月第六次全国国民阅读调查结果发布，2009 年看手机新闻的使用率比例为 68.3%，位居各项手机应用之首，57.7%的用户以搜索信息为需求，大大超过其他业务。

4. 交通报告及更新

对于大都市的乘车者来说，交通信息是最有价值的文本和图形结合信息。例如，作为 emedi@service 服务的一部分，Cegetel SFR 提供一种图形应用，这种应用可以提供巴黎周围地区不断更新的交通信息。用户可以在一天的任何时间了解巴黎和欧洲其他地区GSM用户的地图和线路信息。

5. 带有地理位置的天气预报

根据用户所处的位置，这种信息可以为用户提供最新的信息，例如天气预报、多普勒雷达地图或隐性卫星图片。把这些信息和警报结合起来，就是通知公众关于大暴雨、龙卷风、飓风、暴风雪等的强有力工具。这些信息可以按照人们的生活方式个性化制作，以便为人们在划船、去海滩、滑雪及打高尔夫时提供天气预报。用户获取了任何时间和地点的天气预报，以便对日常生活做出更好的决定。

6. 信息检索

用户可以搜寻特定的信息，例如电话号码、汽车和火车时刻表、到最近的餐馆的路线、最近的提款机的地点等等，用户有时想通过WAP访问动态地图去一些并不熟悉的地方，本地地图有时交通信息更新……数据显示，通过移动设备进行搜索的用户比例远远超过传统互联网。以搜索引擎百度为例，虽然其手机专用搜索效果并不理想，但仍然是广大移动网民最频繁访问的站点，可见移动互联网使用者在信息浏览的过程中，较传统而言具有更强的目的性。

7. 手机网络游戏

手机网络游戏行业在积累与总结多年的技术经验与运营经验后，2009年不断创新新的游戏模式与新的运营模式来推动手机网游市场。在中国移动百宝箱以及数量巨大的手机上网和游戏用户消费需求的刺激下，手机用户对手机网络游戏的需求欲望空前高涨，用户群基数快速上升。随着技术发展和3G即将来临带来的网速提升，下一代手机网络游戏产品，无论是娱乐性、网络连接速度，还是画面，都将有很大的提升。

8. 娱乐资讯

娱乐短信业务现在已经是最为看好的业务方向，世界杯期间推出的短信娱乐产品深受用户欢迎，使用量狂增。其原因很简单，娱乐短信业务是最能发挥手机移动特征的业务。"移动梦网"的进一步发展将和数字娱乐紧密结合，而数字娱乐产业是体验经济的最核心领域。随着技术的进步，彩信(multimedia messaging service，MMS)的传送将给短信用户带来更多更新的娱乐体验。

9. 无线音乐

无线音乐专区是中国移动提供全网客户无线音乐体验的专区，是综合彩铃下载、新歌抢听、歌迷俱乐部的专业音乐专区，这里有全国最新最炫的彩铃、最IN的音乐资讯、最宽广的音乐交流空间，为客户打造个性化的回铃音。无线音乐业务以无线音乐俱乐部为核心，具体包括现有的彩铃、振铃、无线音乐俱乐部、无线首发、无线音乐搜索等业务。在无线互联网发展成熟的日本，手机音乐是最为亮丽的一道风景线，通过手机上网下载音乐是电脑的50倍。3G时代只要在手机上安装一款手机音乐软件，就能通过手机网络随时随地让手机变身音乐魔盒，轻松收纳歌曲，下载速度更快，耗费流量几乎可以忽略。此外，作为新催生的手机媒体，手机电子书、杂志、报纸也越来越受到青年人的青睐。

10. 移动 QQ

移动 QQ 和 QQ 信使服务，使手机用户和 QQ 用户实现双向交流，极大地增值了两项通信业务，腾讯登上"移动梦网"第一信息发送商的宝座。使用移动 QQ 有多种方式，最新的是用通用分组无线服务技术（general packet radio service，GPRS）或 WAP 上网。

11. 飞信

中国移动推出的飞信业务，可以实现即时消息、短信、语音、GPRS 等多种通信方式，保证用户永不离线。飞信除具备聊天软件的基本功能外，还可以通过计算机、手机、WAP 等多种终端登录，实现计算机和手机间的无缝即时互通，保证用户能够实现永不离线的状态。同时，飞信所提供的好友手机短信免费发、语音群聊超低资费、手机电脑文件互传等更多强大功能，令用户在使用过程中产生更加完美的产品体验。飞信能够满足用户以匿名形式进行文字和语音的沟通需求，在真正意义上为使用者创造了一个不受约束、不受限制、安全沟通和交流的通信平台。

12. 个人信息管理

个人信息管理（personal information management，PIM）是商务人员在工作中提高效率所依靠的主要应用之一。这个应用组包括许多工具（如日历、日程表、联系、地址簿、杂事列表等），PIM 同电子邮件一道被认为是最有用的应用组之一，这些应用使用户能在旅行中安排会议或者维护联系目录。例如，A 同事想要访问秘鲁的一个客户，他使用在线目录功能查找合同信息，将找到的联系信息存在个人通信录中，同时也存储到因特网服务器中。当他在开车时需要察看地址，他在 WAP 电话上按几个键便可以得到信息。设备中的本地 PIM 应用本身可以与电话交互，他可以呼叫通信录中列出的电话号码。

13. 电子银行

用户可以检查账目收支情况，在账户和银行之间转移自建，或者获得临时贷款额度。吸引客户的地方在于可在任何地点进行银行交易，而不必通过计算机、ATM 自动提款机和出纳员而受到限制。最重要的是，移动银行不必让客户使用传统电话银行中不友好的语音回复系统，对于银行来说，移动电话是另外一种简单的业务活动方式。由于用户已经具有必要的设备，几乎不需要增加额外的费用，银行通过不同的服务而增加交易的数量、提高电子现金的收益。

14. 账单支付

使用在线账单和付账，可以使账单的提供方节省纸张和寄送费用，同时通过提供更加详细的在线账单来提高服务质量。例如，一个用户首先通过计算机访问供应者的 Web 站点，登记信用卡或银行账户等个人信息，使他的 Web 个性化，然后用户可以用移动电话主动检查或自动收到到期的账单和账单的总额，点击按钮，用户即可授权通过信用卡或银行账户付账。或者用户也可以从银行账户建立电子资金转移，在每个月的特定日期，用户从移动电话上得到确认的转账信息后，可以通过移动设备批准或取消付账。

15. 在线交易

在线交易随着个人投资者数量的增加变得非常流行。过去几年，随着股市市场的迅速增长，在线交易对终端用户变得更加有利，如同它对折扣经纪人公司有利一样。目前除了柜台、电话委托和网上这三种方式外，最受股民欢迎的方式就是最快捷、最方便的手机了。随着手机的发展，一些手机甚至还内置了移动证券的功能，让手机炒股显得更加专业。例如，中国联通的“掌上股市”业务，用户进入“互动视界”，选择“掌上股市交易版”，然后可以看到该栏目下的所有带交易功能的软件。股民使用“钻石版”软件可以随时随地上网，实现股票的实时买卖交易、查询大盘和个股的走势、行情、K线图等。

16. 电子购物及服务

移动电子商务允许用户买卖货物，允许用户使用无线设备获得服务。例如预订飞机票、预订电影和戏剧票、送花服务以及从自动售货机上购物等。由于信息具有个性化特征，根据用户个人的品位和喜好被给予智能的建议，从而使用户感到更快速和更满意。用户付账可以通过将款额计入借方账目付账，也可以通过银行账户或信用卡付账，还可以通过电话进行付账。电话付账在欧洲和日本非常流行，因为那里的用户在月末会得到特订的收费单。这个收费单不仅列出本月电话的费用，而且还有购物的费用及使用移动因特网服务的费用。

17. 无线医疗

医疗产业的显著特点是每一秒钟对病人都非常关键，在这一行业十分适合移动电子商务的开展。在紧急情况下，救护车可以作为进行治疗的场所，而借助无线技术，救护车可以在移动的情况下同医疗中心和病人家属建立快速、动态、实时的数据交换，这对每一秒钟都很宝贵的紧急情况来说至关重要。在无线医疗的商业模式中，病人、医生、保险公司都可以获益，也愿意为这项服务付费。这种服务是在时间紧迫的情形下，向专业医疗人员提供关键的医疗信息。由于医疗市场的空间非常巨大，并且提供这种服务的公司为社会创造了价值，同时，这项服务又非常容易扩展，我们相信在整个流程中存在着巨大的商机。

18. 手机上网业务

手机上网主要提供两种接入方式：手机＋笔记本电脑的移动互联网接入；移动电话用户通过数据套件，将手机与笔记本电脑连接后，拨打接入号，笔记本电脑即可通过移动交换机的网络互联模块(inter-working function，IWF)，接入移动互联网。

19. WAP手机上网

WAP是移动信息化建设中最具有诱人前景的业务之一，也是最具个人化特色的电子商务工具。在WAP业务覆盖的城市，移动用户通过使用WAP手机的菜单提示，可直接通过GSM网接入移动互联网，网上可提供WAP、短消息、Email、传真、电子商务、位置信息服务等具有移动特色的互联网服务。中国移动、中国联通均已开通了WAP手机上网业务，覆盖了国内主要大中城市。那么，手机上网以后主要有什么应用？从目前来看，主要是三大方面的应用，即公众服务、个人信息服务和商业应用。公众服务可以为用户实时提供最新的天气、新闻、体育、娱乐、交通及股票等信息。个人信息服务包括浏览网页、查找信息、查址查号、收发电子邮件和传真、统一传信、电话增值业务等，其中电子邮件可能是最具吸引力的应用之一。商业应用除了办公应用外，恐怕移动商务是最主要、最有潜力的应用。股票交易、银行业务、网上购物、机票及酒店预订、旅游及行程和路线安排、产品订购，可能是移动商务中最先开展的应用。

20. 移动电子商务

所谓移动电子商务，就是指手机、掌上电脑、笔记本电脑等移动通信设备与无线上网技术结合所构成的一个电子商务体系。截至 2014 年 4 月，我国移动互联网用户总数达 8.48亿户，在移动电话用户中的渗透率达 67.8%；手机网民规模达 5 亿，占总网民数的八成多，手机保持第一大上网终端地位。我国移动互联网发展进入全民时代。移动数据业务同样具有巨大的市场潜力。对运营商而言，无线网络能否提供有吸引力的数据业务，则是吸引高附加值用户的必要条件。

工业和信息化部电信研究院的《中国移动互联网白皮书 2014》显示，目前移动互联网已经成为最大的信息消费市场、最活跃的创新领域、最强的信息通信技术产业驱动力：2013 年全球移动业务收入达到 1.6 万亿美元，相当于全球 GDP 的 2.28%；全球智能手机出货量近 10 亿部，达到计算机的 3 倍；移动互联网重构了互联网服务的模式与生态，全球应用程序下载次数累计超过 5 000 亿；网络流量的激增，更驱动 LTE 成为历史上发展最快的移动通信技术。仅 7 年时间，信息通信技术核心的技术平台体系完成从计算机(Wintel)到智能手机(Android&iOS+ARM)的颠覆，全球计算平台中移动操作系统占比超过 50%，视频、微博等主要互联网平台来自移动计算平台(Android/iOS)的流量超过 50%，移动芯片年度出货量则达到计算机芯片的 5 倍。伴随技术与平台迁移的是技术发展模式变革，移动互联网带动开源、开放成为主要技术的主导发展模式，以开源技术开放体系构建纵向整合的生态系统，使产业竞合迈向新高度。移动互联网革命所带来的巨大市场潜力，惠及了众多的行业和企业。

随着信息通信技术和移动互联网技术的快速发展和普及，信息内容和服务通过多媒体终端的智能化呈现，已经成为信息技术产业发展的重要特征。作为移动互联网的核心组成部分之一，智能终端已成为全球最大的消费电子产品分支。智能终端自 2007 年起步以来高歌猛进，在 2010 年末首次超过计算机同期出货量，其后进入高规模、高增长阶段，至 2013 年其出货量首次超过功能手机，约为计算机同期出货量的 3 倍，以年出货 10 亿部的市场体量成为当今市场容量最大的电子产品分支。手机智能化进程带动计算机与电视设备革新，促使平板电脑、智能电视继智能手机后进入高增长通道，2013 年平板电脑年出货达到 1.8 亿部，首次超越同期笔记本出货量，预计两年内将全面超越计算机产品。终端智能化浪潮对电视等简单信息产品的革新将更为迅速和彻底，2013 年智能电视形成了百分百以上的超高增长，逐渐成为家电品牌厂商新品发布的标准形式，在 2014 年将保持增速，成为新的规模化智能产品体系。

中国已成为全球智能终端增长的绝对主导力量，并引领全球移动市场智能化演进。2012 年我国智能手机出货量 2.58 亿部，份额超过全球 1/3，并以 167%的增幅远超全球水平，一举超越 2012 年之前历年之和。2013 年我国智能手机出货量更是达到 4.23 亿部，全球份额贡献逼近50%。在智能化方面,2012年二季度我国手机出货中,智能手机占有率已超越功能手机达52%,领先全球整一年时间完成历史更替(全球在2013年二季度达到52%首次超越50%),而至2013年四季度,我国新出货手机的智能化比例已高达75%。

移动智能终端的爆发增长,深刻重构了以个人电脑为代表的传统智能终端产业格局。不仅如此,移动互联网正深度融合物联网技术,快速向可穿戴设备、智能家居、车联网等泛终端垂直领域延伸,国内外众多科技企业纷纷积极投入探索发展智能电视、车载设备、智能手环、智能戒指、智能鞋等创新形态终端。特斯拉更推出智能电动汽车,试图革命性地重新定义驾驶体验并变革汽车产业。空前规模的泛终端统一竞争空间正加速形成。

可穿戴设备作为用户接入互联网的新方式和新入口,为应用提供了更多的场景、更多的数据以及更多的能力。一方面,可穿戴设备增强用户捕捉和加工信息的能力,从而实现更准确的决策。另一方面,用户通过可穿戴与终端深度融合,令信息的传递和交互更加便捷直接,加速信息的互联和共享,改变用户行为模式和行动效率,目前基于可穿戴的新型应用生态模式正在建立。

1.3.3 移动互联网发展中所面临的问题

纵观国内外移动互联网发展和演变的历史,并分析各主要运营商在运营移动互联网业务时的成败得失,可以看到这一新兴的融合领域在发展过程中存在一些影响或制约发展速度的问题。比较显著的问题点包括带宽、终端及平台、应用、产业链、监管、商业模式、安全性等。

一、终端和平台

从终端角度来看,移动互联网的发展依托于手持(或车载)设备,终端设备属性及操作界面将对用户体验产生直接影响。该类设备普遍存在屏幕小、输入不便、电池容量小、数据处理能力不如计算机等问题,影响用户对移动互联网业务的直接体验。同时,智能手机价位偏高的现状,也阻碍更大规模的用户群体接受并使用移动互联网业务。从平台角度来看,当前全球范围内的手机操作系统多达30多个,基于各类操作系统形成不同的终端平台,这使得移动互联网业务应用开发的难度加大,需要更多的时间适配系统,且很难达成各终端一致的用户体验,由此导致的业务推新速度变缓,进一步影响了移动互联网对用户需求的满足。综上所述,终端性能的改善和平台操作系统标准的统一,应成为未来移动互联网发展过程中关注的重点。

二、应用

在日韩欧美等国家,已经形成以移动搜索、移动音乐、移动社交、移动支付、移动电视、基于位置的服务,以及移动广告等"杀手级"业务为核心产品的移动互联网业务体系。但从中国目前的情况来看,移动互联网应用和服务还较为匮乏,体系性并不明显,而移动互联网恰恰需要通过不断的应用创新吸引客户并满足客户需求，才能获得进一步发展。根据市场调查结果，中国用户更加偏好娱乐类和多媒体类应用，因此应从用户的需求角度出发，开发和推广（或者从有线互联网迁移）适合移动终端特点的内容及应用，以加速移动互联网的发展，提升用户黏性。

三、产业链

移动互联网尚未形成完整的产业链条，各力量仍处于整合期。移动互联网欲获得进一步的发展，需要打造一个整合硬件芯片开发商、操作系统开发商、应用软件开发商、电信运营商、移动互联网应用提供商、终端制作商等多方力量共同作用的产业生态系统。该系统应能实现端到端业务开发与创新，依靠上下游的协同发展能力和聚合效应，提升移动互联网能力，打造共赢发展的良性发展局面。

四、监管

在移动互联网开始同互联网、移动通信业务一样逐步深入人们生活的时候，其不断扩大的影响力也产生了正负两方面的影响。以不良信息为代表的网络秩序混乱现象，将在移动互联网领域再度发生，因此对合法公正科学的监管呼声日益强烈，也同样会存在过度监督束缚业务多样性、影响用户体验的可能。因此，建立良好的移动互联网秩序，已成为需提上日程的重要问题。操作过程可参考日本的成功经验，考虑对网站进行分别管理，与运营商合作的网站需要在满足国家法规的同时满足运营商的业务要求，而其他非运营商合作网站可在法律框架内自由发展业务。此举既可以保障用户对内容和服务丰富性的要求，又可以通过国家法律立法与运营商管理对所有网站实现控制。

五、商业模式

成功的业务是通过运作成功的商业模式实现的。移动互联网体系包括固定互联网的复制、移动通信业务的互联网以及移动互联网创新业务三大部分。相应商业模式的建立，也可以沿用业务体系的建设思路，在分别延续传统互联网和移动通信业务的成功模式基础上开拓创新，寻找新的赢利支点。从国外经验看，与用户需求紧密贴合的移动搜索、电子商务、SNS、移动广告等业务会成为未来盈利的源泉，而效仿 iPhone 基于收入分成、市场排他的合作模式，以“业务＋终端＋服务”的一体化运作模式，与产业链上下游展开合作运营，是可以尝试的商业模式之一。

六、安全性

移动互联网在给我们带来巨大发展机遇的同时，也带来网络和信息安全的新挑战。随着移动终端和业务平台的逐步开放，如果没有良好的防护技术和管理手段及时跟上，那么互联网今天面对的所有安全问题，都会出现在移动互联网上，而各种新的安全隐患也将会在移动互联网世界暴露乃至泛滥。移动互联网无处不在的接入同时，也意味着安全隐患、有害信息、网络违反行为无处不在的可能，相应的安全管理形势将更加复杂。

另外，移动互联网的速度也是影响移动互联网应用的重要因素，在3G网络投入使用之前，速度是制约移动互联网发展的关键因素。随着3G网络的广泛深入应用，速度问题已逐步解决，并且在4G网络正式启用后，移动互联网速度将会得到更加圆满的解决。

§1.4 移动互联网的未来

1.4.1 发展趋势分析

最新报告显示，未来中国移动互联网主要呈现出六大发展趋势。人民网研究院发布2013年中国《移动互联网蓝皮书》，认为移动互联网在短短几年时间里，已渗透到社会生活的方方面面，并产生巨大影响，但它仍处在发展的早期，变化是它的主要特征，革新是它的主要趋势。移动互联网的未来六大发展趋势如下：

(1) 移动互联网超越有线互联网，引领发展新潮流。有线互联网(又称计算机互联网、桌面互联网、传统互联网)是互联网的早期形态，移动互联网(无线互联网)是互联网的未来。计算机只是互联网的终端之一，智能手机、平板电脑、电子阅读器(电子书)已经成为重要终端，电视机、车载设备也正在成为终端，冰箱、微波炉、抽油烟机、照相机，甚至眼镜、手表等穿戴之物，都可能成为泛终端。

(2) 移动互联网和传统行业融合，催生新的应用模式。在移动互联网、云计算、物联网等新技术的推动下，传统行业与互联网的融合正在呈现出新的特点，平台和模式都发生了改变。这一方面可以作为业务推广的一种手段，如食品、餐饮、娱乐、航空、汽车、金融、家电等传统行业的APP和企业推广平台，另一方面也重构了移动端的业务模式，如医疗、教育、旅游、交通、传媒等领域的业务改造。

(3) 不同终端的用户体验更受重视，助力移动业务普及扎根。2011年，主流的智能手机屏幕是3.5～4.3英寸，2012年发展到4.7～5.0英寸，而平板电脑却以迷你型为时髦。但是，不同大小屏幕的移动终端，其用户体验是不一样的，适应小屏幕的智能手机的网页应该轻便、轻质化，它承载的广告也必须适应这一要求。目前大量互联网业务迁移到手机上，为了适应平板电脑、智能手机及不同操作系统，开发了不同的APP，HTML5的自适应较好地解决了阅读体验问题，但还远未实现轻便、轻质、人性化，缺乏良好的用户体验。

(4) 移动互联网商业模式多样化，细分市场继续发力。随着移动互联网发展进入快车道，网络、终端、用户等方面已经打好了坚实的基础，不盈利的情况已发生改变，移动互联网已融入主流生活与商业社会，货币化浪潮即将到来。移动游戏、移动广告、移动电子商务、移动视频等业务模式流量变现能力快速提升。

(5) 用户期盼跨平台互通互联，HTML5技术让人充满期待。目前形成的iOS，Android，Windows Phone三大系统各自独立，相对封闭、割裂，应用服务开发者需要进行多个平台的适配开发，这种隔绝有违互联网互通互联之精神。不同品牌的智能手机，甚至不同品牌、类型的移动终端都能互联互通，是用户的期待，也是发展趋势。

(6) 大数据挖掘成蓝海，精准营销潜力凸显。随着移动带宽技术的迅速提升，更多的传感设备、移动终端随时随地接入网络，加之云计算、物联网等技术的带动，中国移动互联网也逐渐步入大数据时代。目前的移动互联网领域，仍然以位置的精准营销为主，但未来随着大数据相关技术的发展，人们对数据挖掘的不断深入，针对用户个性化定制的应用服务和营销方式将成为发展趋势，它将是移动互联网的另一片“蓝海”。

1.4.2 移动互联网对未来的影响

移动互联网对未来将会产生下面的影响：

(1) 亚洲会成为移动领域的领先者。2014 年 11 月初，谷歌董事长艾瑞克施密特在“Google APAC”大会的远程致辞中，表达了他对亚洲移动市场的看好。他认为在某种程度上，亚洲发明了移动互联网，而基于亚洲网络良好的基础建设以及极速扩大的市场规模，使得亚洲将成为移动领域的领先者。亚洲的确有这样的资本，且不说亚洲有超过世界一半的人口规模，亚洲总体创新能力与水平的提升，也使得亚洲的移动互联网产品与理念得到世界的认可，如韩国的 Kakao、中国的支付宝和微信等，都证明亚洲具有和先进国家比拼的能力。

(2) 市场规模及用户体量继续高增长。互联网女皇 Mary Meeker 在 Code 大会上发布了互联网趋势报告，报告明显侧重于移动互联网发展态势的分析。其中有几个数字值得关注：全球 52 亿移动用户中目前智能手机使用率仅为 30%，剩余 70%的广阔市场有待挖掘；中国移动互联网用户数目前已达到中国互联网用户数的 80%，中国无疑将主导移动商务的革命。工信部公布的相关数据也证明了这一点，截至 2014 年 7 月，中国的移动互联网用户数已经达到 8.72 亿，这一数字远远超过之前预测的 7.10 亿，而 8.72 亿移动互联网用户中手机网民为 5.27 亿，这也说明为什么人人都会盯上智能手机这块蛋糕。

(3) 移动互联网技术：开源与多样化。技术是支撑移动互联网持续发展的根基。同时，移动互联网的迅猛发展，也推进所涉及的网络接入、应用开发、操作系统等方面做出相应的改进与更新。在使用移动互联网时，大多数用户都更青睐通过无线传真(wireless-fidelity，Wi-Fi)来接入网络，所以新的 Wi-Fi 标准以及更多的基础设施的需求将持续增长。在操作系统方面，Android 的成功意味着开源这种方式的成功，并且在很大程度上促进移动互联网的技术多样化，以及适应各种需求的健康生态模式的建立。在应用开发层面，适用于多平台、多架构、有很好的稳定性及生产效率高的开发工具将成为主流。

(4) 移动搜索市场稳步增长。2014 年搜索功能的 APP 并未撼动浏览器搜索的地位，通过浏览器进行搜索的占比为 92.4%，拥有绝对优势，其中 UC，360，QQ 等几款主流浏览器分食移动搜索市场。而搜索 APP 中百度仍然保持领先地位，易查、宜搜等一批实力强劲的搜索 APP 涌现，也让这一领域的竞争更为激烈。

(5) 移动互联网带来在线教育行业爆点。如今,几乎每个人的智能手机里都会装上一两个学习型APP,无论是背单词,还是学习专业知识。通过移动设备下载课程来进行学习的人也越来越多,在线教育的平台类型也在逐渐丰富。根据沪江网提供的数据,我们可以看到移动互联网将在线教育行业发展带入高速期,沪江网的Web端用户从0积累到1 000万用了10年时间,而在移动端仅用1年时间就实现了这个数字。移动互联网的发展给教育这一古老并且决定未来的领域提供了新的发展契机。

(6) 社交进入视频时代。Facebook,Twitter等在2013年就推出了视频分享功能,微信在2014年9月底推出包含小视频分享功能的新版本,从分享文字、图片,再到分享文件、视频、声音,通过移动互联网可以让你的朋友、家人更直观地了解到你身边所发生的一切。正是由于移动互联网的存在,社交在某种程度上越来越真实化。

(7) 移动电子商务,随时随地。说到电子商务,就必须提及"双十一"这一现象级节日,2014年天猫"双十一"的交易总额达到571亿元,超过200个国家参与了这一购物狂欢,其中移动端的交易额为243亿元,占总体交易额的42.6%,是2013年的4.5倍。作为具有中国电商行业代表性的电子商务平台,天猫的这一数据具有说服力。预计到2015年中国移动电商市场规模将破千亿。

(8) 移动游戏市场产业链优化。可以肯定的是,在未来两年内移动游戏市场仍将保持爆发式的增长态势,预计2015年中国移动游戏市场规模将有望达到400～500亿元。根据业内人士分析,2015年将出现日流水交易过亿元、月流水过两亿元的产品也将很快出现,2015年上半年愿意付费的手游用户将成倍增长。据统计,移动游戏市场持续增长,2014年移动游戏市场规模达到76.53亿元,较2013年同期增长近90%,逐渐逼近客户端游戏市场地位。

(9) 移动设备新兴产品层出不穷。作为移动互联网的重要载体,智能手机、平板电脑等移动设备销量猛增,根据市场研究机构IDC发布的报告显示,全球智能手机的出货量同比增长25.2%,达到3.276亿部。虽然有人预测智能手机的市场增长将有所放缓,但是庞大的待开发用户群体将是市场规模持续增长的有力支撑。平板电脑方面依然保持增长态势,2014年第三季度全球平板电脑出货量同比增长11.5%,达到5 380万台。平板电脑的增长放缓,主要原因在于智能手机的大屏化趋势,平板电脑的定位亟待理清。

(10) 移动广告:原生、跨屏、LBS。根据Forrester的预测,截至2020年将会有20%的销售来自可穿戴设备收集的数据。营销永远都要做全渠道准备,但面对用户的消费行为逐渐向移动互联网迁徙,所以战略的转变与制定迫在眉睫。在移动互联网时代,用户的需求更加个性化,选择也更多。大数据无疑可以通过对这些需求数据的分析,来帮助营销更为精准。而在与用户互动中达到传递信息的目的,无疑是最被用户接受的方式。所以在移动互联时代,原生广告将成为移动广告中的主力。

(11) 网络安全伴随发展始终。今年詹尼佛·劳伦斯等众多好莱坞女星私密照片被泄露,Snapchat 13G的用户照片被公开,由沃尔玛等零售巨头联合开发的支付工具Current C在试用阶段就出现用户邮箱被泄露的事件。网络安全问题被推上风口浪尖。

在移动互联网的高速发展下，移动互联网用户数猛增，移动设备存储大量数据，安全隐患逐渐暴露。移动互联网的确实实在在地使我们的生活更加便利，但是频发安全事故所造成的负面影响巨大，这使得一些乐意尝鲜的用户望而却步、信赖产品的老用户“心惊肉跳”，所以未来网络安全保障都将会与互联网的发展如影随形。

本章小结

本章主要介绍移动互联网的相关概念、移动互联网在中国的发展历程、国内外移动互联网发展现状、国内移动互联网业务发展现状、移动互联网发展中所面临的问题和移动互联网的未来。

第 2 章

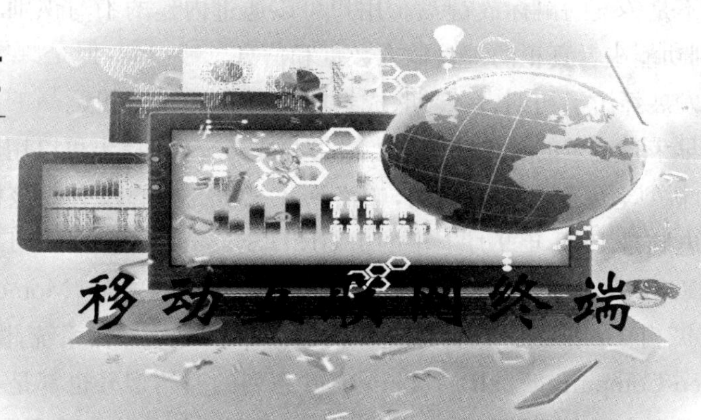

移动互联网终端

本章要点

通过对本章内容的学习，你应了解和掌握如下内容：

- 平板电脑的特点
- 平板电脑在移动互联的应用
- 智能手机的基本功能
- 智能手机的硬件架构
- 智能手机在移动互联的应用

章首引语：智能终端的创新不仅实现了终端功能的升级，同时也实现了移动互联网与互联网移动创新的结合。两创新领域的结合，将对信息通信业产生深远影响，无所不能的智能终端将推动移动互联网快速发展。

§2.1 平 板 电 脑

2.1.1 平板电脑的发展简史

平板电脑(tablet personal computer，简称 Tablet PC 或 Flat PC)是一种小型、方便携带的个人计算机。它以触摸屏作为基本的输入设备，触摸屏允许用户通过触控笔或数字笔来进行作业而不是传统的鼠标或键盘。用户可以通过内建的手写识别功能、屏幕上的软键盘、语音识别功能或者真正的键盘输入数据和信息。

平板电脑的发展经历了初期、发展期、成熟期和稳定期四个阶段：

平板电脑最早来自施乐的艾伦·凯，他在20世纪60年代提出可以用笔输入信息、称作“Dynabook”的新型笔记本电脑。然而，帕洛阿尔托研究中心没有对该构想提供支持。第一部商用平板电脑是1989年9月上市的由GRiD Systems制造的GRiD Pad，它的操作系统基于MS－DOS。另外一部Go Corporation制造的平板电脑（Momenta Pentop）于1991年上市。1992年Go推出一款名为“PenPoint OS”的专用操作系统，微软公司也推出“Windows for Pen Computing”。IBM ThinkPad系列的原始型号也都是平板电脑，但是令人诟病的手写识别率根本不符合用户的需求，居高不下的价格和重量也很成问题。例如Momenta重达7磅（大约3.2千克），并且价格高达5 000美元。

2006年6月，微软在“.NET”战略发布会上首度展示了还处在开发阶段的平板电脑。在当年11月“Comdex Fall 2000”大展，比尔·盖茨进行了有关平板电脑的专题演讲，将平板电脑定义为“基于Windows操作系统、集成纸笔体验的全能电脑”，微软公司的大力推广，使Windows XP Tablet PC Edition渐渐流行起来。

2009年8月18日，《商业周刊》网络版载文称在新的平板电脑潮流中，苹果股份有限公司将成为领军公司。通过更低的价格和更有吸引力的软件，平板电脑成为主流产品。但苹果还面临其他障碍，如数据输入、如何刺激需求等。

直到2010年iPad的出现，平板电脑才火爆起来。2010年1月27日苹果公司发布了iPad，搭载自主研发的操作系统iOS，操作系统及硬件设备是由智能手机方向优化，重量较轻（只有600克）。尽管先前大家都不看好iPad的前景，以为它将会步向微软、惠普的下场，但iPad大获成功，苹果从此引发平板电脑热潮，吸引各大厂商都推出自家的平板电脑。在整个2010年，苹果公司共卖出超过800万部iPad，其在平板电脑以致计算机市场的占有率高速上升。从此，苹果iPad在平板电脑市场的占有率一直高达50%以上。

2011年9月，随着微软Windows 8系统的发布，平板电脑阵营再次得到扩充。2012年6月19日，微软在洛杉矶发布Surface平板电脑，Surface平板电脑可以外接键盘，微软称这款平板电脑接上键盘后可以变身为“全桌面计算机”。

2012年平板电脑市场的竞争白热化，中国国内厂商也在这一年推出很多低价但性能较高的平板电脑，如Novo 7极光系列、向导系列、原道N90等，均大受欢迎，同时也促使国际厂商留意它们的销售方法，这也影响了后来GoogleNexus 7和三星的Galaxy Tab 2。

2012年10月，微软的Windows 8平板电脑发布，这次发布是决定Windows 8发展方向的关键事件。

2013年，平板电脑与传统计算机的总销量相当。在操作系统方面，传统计算机主要以Windows系列操作系统为主，平板电脑的操作系统则是Windows 8，Android和iOS三足鼎立。

2.1.2 平板电脑的发展前景

一、国际因素

从国际因素来看，全球平板显示产业的发展重心正在向我国转移。为了继续抢占中国市场，海外企业陆续改变原先不肯向中国输出技术的策略，通过在中国投资建厂，设立生产基地与本土企业展开竞争。在这种情况下，要警惕国外企业进行落后产能转移甩包袱的情况出现。

目前，国外企业将进一步在平板显示领域开放，放宽对我国输出生产线和技术的限制，通过与国内面板、材料和装备企业开展合作，加大市场拓展力度。同时，先进国家和地区的产能向我国转移，势必会给国内企业带来一定冲击，因此，如何采取正确的战略合作和竞争方式就显得尤为重要。

二、国内因素

从国内因素来看，我国平板显示产业已进入高速发展阶段，但是关键材料和设备在很大程度上依赖国外进口，与国外差距明显。目前，我国将持续加大对关键材料和设备的政策扶持力度，平板显示产品配套能力有望获得提升，对国外进口的依赖将有所减少。在新型显示技术，尤其是有源矩阵有机发光二极管体(Active-Matrix organic light emitting diode，AMOLED)、新型背板技术、超高解晰度显示技术等领域的竞争中，国内平板随着新的产业激励政策的出台，与国外先进技术间的差距已逐步缩小。

2.1.3 平板电脑的操作系统

现在很多平板电脑运行 Windows XP Tablet PC Edition。Windows Vista 系统在 Windows 家族的地位比较尴尬，这个系统高于 XP 但并不能取代 XP 系统，不过是在短暂的存活期内，为家庭高级版(Home Premium)、商业版(Business)、旗舰版(Ultimate)中均加入对平板电脑的支持，甚至还专门设计了名为“墨球”的自带游戏。

Windows 7 系统出现后市场的接受能力明显加温，可以预见 Windows 将是未来操作系统的霸主，平板电脑方面也开始有品牌介入开发并取得成功。如英国福盈氏、台湾华硕等。

运行 Linux 系统是平板电脑的另一个选择。除非直接购买预装 Linux 系统的平板电脑(跟早期 Lycoris Desktop/LX Tablet Edition 相同)，工作过程可能会冗长无味。Linux 缺乏平板电脑专用程序，随着带有手写识别功能的 Emperor Linux Raven X41 Tablet 开发，Linux 平板电脑已经改善许多。

来自 Novell 公司的 Open Suse Linux 也对平板电脑有着部分支持。作为定制性很强的操作系统，包括 Ubuntu Linux，也有人自己动手修改使其支持平板电脑，甚至有人提出发行Tabuntu的 Ubuntu 派生版本。

2011 年谷歌推出 Android3. 0 蜂巢(Honey Comb)操作系统。Android 是谷歌公司推出的基于 Linux 核心的软件平台和操作系统,Android 成为 iOS 最强劲的竞争对手之一。2011 年 5 月谷歌正式推出 Android 3. 1 操作系统。2011 年 8 月由海尔公司推出的 haiPad 将搭载国内操作系统的核心操作系统,这款平板电脑搭载的核心操作系统是基于 Android 开发的,更加符合国人的使用习惯。Android 是国内平板电脑最主要的操作系统,到 2013 年 9 月,平板电脑的 Android 操作系统已经发展到 Android 4. 4。

但是,Android 操作系统也有着自身的商务缺陷:到目前为止 Android 并没有针对平板电脑进行专门的开发,不能直接使用微软 Office 软件,需要借助安装第三方插件来实现,很多载有 Android 系统的平板电脑的商务处理不够便捷。

2011 年 9 月,随着微软 Windows 8 系统的发布,平板阵营再次扩充,Windows 8 系统在电脑和平板上开发和运行的应用程序分为两个部分:一个是 Metro 风格的应用,这就是当下流行的场景化应用程序,方便用户进行触控,操作界面直观简洁;第二个部分是"桌面"应用,用户可以通过点击桌面图标来执行程序,与传统的 Windows 应用相类似。Metro 应用将成为 Windows 8 的主流。

2011 年 12 月,平板电脑厂商发布了两款搭载 Ubuntu 11. 04 的平板电脑,分别用 PERL 和 Python 作为产品代号。

2012 年 10 月 23 日,微软在上海召开 Windows 8 即将亮相发布会,意在为 10 月 26 日在全球召开的 Windows 8 正式发布会做提前预热。微软 Surface 分为 Windows RT 与 Windows Pro 两个版本,于 10 月 26 日在苏宁易购首发。在价格方面,RT 版的 32GB 与 64GB 分别定价为 3 688 元与 4 488 元,与国内苹果新 iPad 16GB 与 32GB Wi-Fi 版价格持平。在本次发布会中,有多款 Windows 8 设备首次亮相,如华硕、东芝、宏碁、KUPA 等厂商的众多平板产品,它们的外观各具特色,大部分产品都配有一个全尺寸键盘底座,这样不仅可以为平板充电、方便文字录入,而且外形酷似超级本。

2.1.4 平板电脑的特点

一、平板电脑的特点

平板电脑都是带有触摸识别的液晶屏,可以用电磁感应笔手写输入。平板电脑集移动商务、移动通信和移动娱乐为一体,具有手写识别和无线网络通信功能,被称为"上网本的终结者"。

按结构设计的不同,平板电脑大致可分为两种类型,即集成键盘的"可变式平板电脑"和可外接键盘的"纯平板电脑"。平板式电脑本身内建了一些新的应用软件,用户只要在屏幕上书写,即可将文字或手绘图形输入计算机。

按其触摸屏的不同,平板电脑一般可分为电阻式触摸屏与电容式触摸屏。电阻式触摸一般为单点,而电容式触摸屏可分为 2 点触摸、5 点触摸及多点触摸。随着平板电脑的普及，在功能追求上也越来越高，传统的电阻式触摸已经满足不了平板电脑的需求。特别是在玩游戏方面，要求越来越高，所以平板电脑必然需要用多点式触摸屏才能令其功能更加完善。

平板电脑在外观上具有与众不同的特点。有的就像一个单独的液晶显示屏，只是比一般的显示屏要厚一些，在上面配置了硬盘等必要的硬件设备。

平板电脑能够便携移动，像笔记本电脑一样体积小而轻，可以随时转移它的使用场所，比台式机具有移动的灵活性。

平板电脑的最大特点是数字墨水和手写识别输入功能，以及强大的笔输入识别、语音识别、手势识别能力，且具有移动性。

(1) 特有的 Table PC Windows XP 操作系统。不仅具有普通 Windows XP 的功能，普通 XP 兼容的应用程序都可以在平板电脑上运行，还增加了手写输入，扩展了 XP 的功能。

(2) 扩展使用计算机的方式，使用专用的“笔”在电脑上操作，使其像纸和笔的使用一样简单。同时也支持键盘和鼠标，像普通电脑一样操作。

(3) 数字化笔记。平板电脑就像 PDA、掌上电脑一样，可以用作普通的笔记本，随时记事，创建自己的文本、图表和图片。同时集成电子“墨迹”在核心 Office XP 应用中，在 Office 文档中留存“笔迹”。

(4) 方便的部署和管理。Windows XP Tablet PC Edition 包括 Windows XP Professional 中的高级部署和策略特性，极大简化了企业环境下平板电脑的部署和管理。

(5) 全球化的业务解决方案，支持多国家语言。Windows XP Tablet PC Edition 已经拥有英文、德文、法文、日文、中文(含简体和繁体)和韩文的本地化版本，不久还将有更多的本地化版本问世。

(6) 对关键数据最高等级的保护。Windows XP Tablet PC Edition 提供了 Windows XP Professional 的所有安全特性，包括加密文件系统、访问控制等。平板电脑还提供了专门的[CTRL]+[ALT]+[DEL]按钮，方便用户的安全登录。

二、平板电脑的缺点

平板电脑有以下一些缺点：

(1) 因为屏幕旋转装置需要空间，平板电脑的性能体积比和性能重量比就不如同规格的传统笔记本电脑。

(2) 针对程序开发的应用，编程语言采用手写识别比较困难。

(3) 打字速度不如普通笔记本电脑快，例如，学生写作业、编写 Email 手写输入时与每分钟打字速度约在 30～60 个单词相比太慢了。

(4) 另外，一个没有键盘的平板电脑(纯平板型)不能代替传统笔记本电脑，并且会让用户觉得更难使用，因此纯平板型电脑是人们经常用来做记录或教学工具的第二台电脑。

2.1.5 平板电脑的分类

一、具有通话功能的平板电脑

可打电话的平板电脑通过内置的信号传输模块(Wi-Fi 信号模块和 SIM 卡模块(即 3G 信号模块))实现打电话功能。按不同拨打方式分为 Wi-Fi 版和 3G 版。

平板电脑 Wi-Fi 版,是通过 Wi-Fi 连接宽带网络对接外部电话实现通话功能。操作中还要安装 HHCall 这类网络电话软件,通过网络电话软件将语音信号数字化后,再通过公众互联网进而对接其他电话终端,实现打电话功能。

平板电脑 3G 版,其实就是在 SIM 卡模块插入支持 3G 高速无线网络的 SIM 卡,通过 3G 信号接入运营商的信号基站,从而实现打电话功能。国内的 3G 信号技术分别有码分多址(code division multiple access,CDMA)、宽带码分多址(wideband code division multiple access,WCDMA)、时分同步码分多址(time division-synchronous code division multiple access,TD-CDMA)。通常 3G 版具备 Wi-Fi 版所有的功能。

二、双触控平板电脑

双触控平板电脑即为同时支持电容屏手指触控及电磁笔触控。简单来说,iPad 只支持电容的手指触控,但是不支持电磁笔触控,无法实现原笔迹输入,所以商务性能相对不足。电磁笔触控主要是解决原笔迹书写。

三、滑盖型平板电脑

滑盖平板电脑的好处是带全键盘,同时又能节省体积,方便随身携带。合起来就跟直板平板电脑一样,将滑盖推出后能够翻转。它的显著优势就是方便操作,除了可以手写触摸输入,还可以像笔记本一样键盘输入,输入速度更快,尤其适合炒股、网银时输入账号和密码。

四、纯平板电脑

纯平板电脑是将电脑主机与数位液晶屏集成在一起,将手写输入作为其主要输入方式,更强调在移动中使用。当然也可随时通过 USB 端口、红外接口或其他端口外接键盘/鼠标(有些厂商的平板电脑产品将外接键盘/鼠标)。

五、商务型平板电脑

平板电脑初期多用于娱乐,但随着平板电脑市场的不断拓宽及电子商务的普及,商务平板电脑凭借其高性能、高配置迅速成为平板电脑业界中的高端产品代表。一般来说,商务平板用户在选择产品时,更加看重处理器、电池、操作系统、内置应用等"常规项目",特别是 Windows 的软件应用,对于商务用户来说更是选择标准的重点。

六、学生平板电脑

平板电脑作为可移动的多用途平台，为移动教学提供了多种可能性。如迷你学习吧平板电脑就是专为学生精心打造的一款智能学习机。触摸式学习和娱乐型教学平台，可让学生在轻松、愉悦的氛围中高效地提高学习成绩。此类平板电脑一般集合了多种课程和系统学习功能两大学习版块，囊括了从幼儿、小学、初中到高中的多学科优质教学资源。系统学习功能提供全面、快捷的学习应用软件和益智游戏下载功能，实现了良好的可扩充性。

七、工业用平板电脑

简单来说，工业用平板电脑就是工业上常说的一体机，整机性能完善，具备市场常见的商用电脑性能。其区别在于内部的硬件，多数针对工业方面的产品选择都是工业主板，与商用主板的区别在于非量产，产品型号也比较稳定。由此可见，工业主板的价格要高于商用主板，另外工业方面需求相对比较简单，性能要求也相对不高，但是要求性能非常稳定。散热量也要小，无风扇散热。由此可见，工业用平板电脑的要求较商用要高出很多。

工业用平板电脑的另一个特点就是多数都配合组态软件一起使用，能够实现工业控制。

2.1.6 平板电脑在移动互联的应用

随着移动互联网应用的进一步展开，这种随时随地上网的方式更强调移动终端的便携性。用户不会愿意在移动终端上采用类似普通电脑的复杂操作，也不会愿意在巴掌大小的设备上花费大量的时间输入 26 个字母。而平板电脑正是将笔记本电脑缩小，将智能手机拉大，从而将二者进行融合。它比笔记本电脑更加便携，比智能手机功能更加强大，并整合各类数码功能，内容更加丰富。它以其简约的造型、实用的操作、简便的触屏操作优势，为用户带来移动互联网时代的上网乐趣。

谈及苹果 iPad 等平板电脑的应用，每个人都有不同的感受，但有一个相同的感受便是：它激活了移动互联网的许多应用。

（1）无线上网：利用苹果 iPad 的网络浏览器，可以方便地进行无线上网。不仅屏幕宽大，还可以利用全触控屏操作，同时能在纵向或横向网页浏览方式间随意切换。

（2）邮件处理及照片浏览：iPad 上的邮件应用程序拥有分割画面和宽大的屏幕键盘；iPad 内置的照片应用程序可方便地观赏、缩放照片，照片不仅鲜明艳丽、栩栩如生，还可以随用户的屏幕转动而自动旋转。

（3）视频及音乐欣赏：高分辨率屏幕使 iPad 提高了视频的观看体验，其内置的播放工具不仅音质优美，而且可以显示实际大小的专辑封面。翻看所有专辑，然后轻点想要听的歌曲，就如同翻看 CD 一样轻松自如。

(4) 日历与备忘录：工作、家庭或其他一切事宜记入日程表后，在 iPad 上均变得易于阅读、便于管理，甚至可同时管理全部日程表。使用备忘录记下一切重要安排，带着既轻又薄的 iPad 出席会议、参加讲座甚至逛街，都显得非常轻松。

(5) 通信录与文件夹：iPad 通信录可以为姓名加上照片、电子邮件、生日、周年纪念日、重要备注及设置提醒信息；iPad 上的文件夹可以更方便地按类别整理应用程序，从而可以快速打开喜爱的应用程序。

(6) 应用程序商店：iPad 使用与 iPhone 相同的应用程序商店，目前大约有 30 万个应用程序可供下载使用。用户可以在程序所属的专区、分类中找到众多的游戏、生活指南、社交等应用程序，几乎应有尽有。

(7) 图书与期刊阅读：iPad 中内置的电子书阅读工具可到专门的电子书应用程序中下载，并浏览数以万计的书籍，而且有不少能免费下载。使用 iPad 的阅读体验与纸质阅读的体验非常接近，报纸、杂志的可阅读数量也越来越多，而且可以随时随地轻松阅读。

(8) 丰富的其他功能：平板电脑还有许多功能，如有丰富的游戏、电子词典、地图、GPS 及各类新型应用客户端；可将音乐流传输到扬声器实现同步播放；可将照片及网页等从 iPad 直接通过打印机打印；遗失 iPad 时可进行定位并远程设置密码锁；可以为残障人士提供许多特殊服务，等等。

§2.2 智 能 手 机

所谓智能手机(smartphone)，是指像个人电脑一样，具有独立的操作系统，可以由用户自行安装软件、游戏等第三方服务商提供的程序，通过此类程序不断对手机的功能进行扩充，并可以通过移动通信网络来实现无线网络接入的一类手机的总称。

移动互联时代的到来，智能手机的流行已成为手机市场的一大趋势。这类移动智能终端的出现，改变了很多人的生活方式及对传统通信工具的需求，人们不再满足于手机的外观和基本功能的使用，而开始追求手机强大的操作系统给人们带来更多、更强、更具个性的社交化服务。智能手机也几乎成为这个时代不可或缺的代表配置。如今，越来越多的消费者已经将购机目标定位在智能手机上。与传统功能手机相比，智能手机以其便携、智能等特点，在娱乐、商务、时讯及服务等应用功能上，能更好地满足消费者对移动互联的体验。

2.2.1 智能手机的发展

智能手机是由掌上电脑(personal digital assistant，PDA)演变而来的。最早的掌上电脑并不具备手机通话功能，但是随着用户对于掌上电脑个人信息处理功能依赖的提升，同时又不习惯随时携带手机和 PPC 两个设备，所以厂商便将掌上电脑的系统移植到手机中，于是出现了智能手机。它比传统的手机具有更多综合性处理功能，如 Symbian 操作系统的 S60 系列，以及一些 MeeGo 操作系统的智能手机。近期发展表明这些智能手机的类型有相融合的趋势。

智能手机同传统手机外观和操作方式类似，不仅包含触摸屏手机，也包含非触摸屏数字键盘手机和全尺寸键盘操作的手机。但是，传统手机都使用生产厂商自行开发的封闭式操作系统，所能实现的功能非常有限，不具备智能手机的扩展性。智能手机的提法主要针对功能手机(feature phone)而来，它本身并不意味智能手机有多"智能"(smart)，它更像是一台可以随意安装和卸载应用软件的手机(如同电脑那样)。功能手机不能随意安装卸载软件，尽管 Java 的出现使后来的功能手机具备了安装 Java 应用程序的功能，但是 Java 程序的操作友好性、运行效率及对系统资源的操作，都要比智能手机差很多。

智能手机处理器＝CPU(数据处理芯片)＋GPU(图形处理芯片)＋其他

智能手机处理器架构都是 ARM 架构，就和计算机处理器的架构是 X86 的道理相同。ARM 公司与一般的半导体公司有一个最大的不同，就是不制造芯片且不向终端用户出售芯片，而是通过转让设计方案，由合作伙伴生产出各具特色的芯片。ARM 公司利用这种双赢的伙伴关系，迅速成为全球性精简指令集计算机(reduced instruction set computer，RISC)微处理器标准的缔造者。这种模式也给用户带来巨大的好处，因为用户只掌握一种 ARM 内核结构及其开发手段，就能够使用多家公司相同 ARM 内核的芯片。目前，总共有超过 100 家公司与 ARM 公司签订了技术使用许可协议，其中包括 Intel，IBM，LG，NEC，SONY，NXP 和 NS 这样的大公司。例如，现在流行的 Cortex - A8 架构就是 ARM 公司推出的，目前很多高端旗舰智能手机的处理器都基于这个架构。常见的智能手机处理芯片厂商主要有高通(Qualcomm)、MTK、德州仪器(TI)、三星、苹果、展讯、英伟达、华为等。

2.2.2 智能手机的特点

智能手机具有五大特点：

(1) 具备无线接入互联网的能力：即需要支持 GSM 网络的 GPRS 或者 CDMA 网络的 CDMA1X 或 3G(WCDMA，CDMA - 2000，TD - CDMA)，甚至 4G(HSPA＋，FDD - LTE，TDD - LTE)。

(2) 具有 PDA 的功能：包括个人信息管理、日程记事、任务安排、多媒体应用、浏览网页。

(3) 具有开放性的操作系统：拥有独立的核心处理器和内存，可以安装更多的应用程序，使智能手机的功能得到无限扩展。

(4) 人性化：可以根据个人需要扩展机器功能。根据个人需要，实时扩展机器内置功能以及软件升级，智能识别软件兼容性实现了软件市场同步的人性化功能。

（5）功能强大：扩展性能强，第三方软件支持多。随着智能手机和 iPad 等移动终端设备的普及，人们逐渐习惯了使用 APP 客户端上网的方式。社交、购物、旅游、阅读等事件，均可通过智能手机来完成。

2.2.3 智能手机的基本功能

从广义上说，智能手机除了具备手机的通话功能外，还具备了 PDA 的大部分功能，特别是个人信息管理以及基于无线数据通信的浏览器、GPS 和电子邮件功能。智能手机为用户提供了足够的屏幕尺寸和带宽，既方便随身携带，又为软件运行和内容服务提供了广阔的舞台，很多增值业务可以就此展开，如股票、新闻、天气、交通、商品、应用程序下载、音乐图片下载等。结合 3G 通信网络的支持，智能手机势必将发展成为功能强大、集通话、短信、网络接入、影视娱乐为一体的综合性个人手持终端设备。

虽然对于“智能”并没有标准的行业定义，但是可以通过以下 8 个功能来界定一部手机是否属于智能手机。

（1）操作系统：一般来说，智能手机将基于一个操作系统，并在操作系统的支持下运行程序。

（2）软件：几乎所有的手机包括某种形式的软件，其最基本的模型是包括地址簿或某种形式的联系助理。智能手机将有能力做更多的工作，可以创建和编辑或至少查看微软 Office 文档；它可以允许下载的应用，如个人和企业财务助理，或者编辑照片，通过全球定位系统规划行车路线，创建播放数字音乐，等等。

（3）Web 访问：更多智能手机可以用更快的速度进入网站，连接 3G 数据网络，增加了 Wi-Fi 的支持。

（4）QWERTY 键盘：智能手机包括 QWERTY 键盘。

（5）邮件：全球商务最主要的联络方式不是电话、短信，而是邮件，尤其在贸易公司或全球性公司中，邮件是商务人士一天主要处理的工作内容，智能手机需要支持邮件。

（6）消息：所有的手机可以发送和接收文字信息，而智能手机除了可以处理电子邮件，还可以同步支持多个电子邮件账户，另外还包括访问流行的即时通信服务，如 QQ，MSN 及 AOL 的 AIM 和 Yahoo 等。

（7）联系人：除了邮件，在通话的过程中需要调用联系人电话簿，一般人都将电话簿只保存在手机上，而手机丢失或更换，就会为庞大的地址簿感到相当不方便。可以使用数据线将手机与电脑同步，真正正确的使用方法是通过无线同步，这样无论在电脑或手机上进行联系人的更改，都可以得到有效的同步。

（8）日历：手机日程安排是一个很好的功能，但受限于手机的操作性问题，很少有人会在手机上安排所有的事情，智能手机能够支持日常工作中的文档查看和编写，以保证手机成为一个移动的工作平台。

2.2.4 配置要求

智能手机必须满足以下这些基本要求：

(1) 高速度、高精度处理芯片。3G手机不仅要支持打电话、发短信，还要处理音频、视频，甚至要支持多任务处理，这需要芯片的功能强大、功耗低、具有多媒体处理能力。这样的芯片才能让手机不会经常死机，不发热，不会让系统很慢。

(2) 大存储芯片和存储扩展能力。如果要实现3G的大量应用功能，没有大存储就完全没有价值。完整的GPS导航图、大量的视频、音频还和多种应用都需要存储。因此要保证足够的内存存储或扩展存储，才能真正满足3G的应用。

(3) 面积大、标准化、可触摸的显示屏。只有面积大和标准化的显示屏，才能让用户充分享受3G的应用。显示屏的分辨率一般不低于320×240。

(4) 支持播放式的手机电视。如果手机电视完全采用电信网的点播模式，网络很难承受，而且为了保证网络质量，运营商一般对于点播视频的流量都有所控制，因此，广播式的手机电视是手机娱乐的一个重要组成部分。

(5) 支持GPS导航。它不但可以帮助人们容易找到想找的地方，而且还可以帮助找到周围的兴趣点。未来的很多服务都会和位置结合起来，这是手机的特有特点。

(6) 操作系统必须支持新应用的安装。用户有可能安装各种新的应用，可以安装和定制自己的应用。

(7) 配备大容量电池，并支持电池更换。3G无论采用何种低功耗的技术，电量的消耗都是一个大问题，必须要配备高容量的电池，“1500mAh”是标准配备。随着3G的流行，很可能未来外接移动电源也会成为标准配置。

(8) 优秀的人机交互界面。

2.2.5 智能手机面临的困境

一、移动支付发展遇瓶颈

移动支付无疑已经成为2012年智能手机的一大主流功能。2012年电子钱包、Square读卡器，以及近场通信技术在移动支付中都成为智能手机的亮点。

2012年移动支付已经发展到在实体商店中安装使用移动支付设备的层面，由此也涌现出一批以移动支付为主营业务并因此名声大噪的企业。由于消费者已经习惯使用银行卡进行消费交易，因此移动支付在短时间内还不能被广大消费者所接受。

二、安全状况令人担忧

有统计数据显示，截至2012年10月，全球移动恶意软件的感染率约为1%，按照当年全球智能手机(仅包含Android智能手机)用户已达10亿人计算，意味着2012年有1 000

万部手机被恶意软件攻击。卡巴斯基实验室公布的数据显示，仅在2012年第三季度，全球就出现了9 000个新的Android手机恶意软件。截至2013年末，全球智能手机（仅包含Android智能手机）用户已达17亿，其恶意软件感染率约为1.2%，已有1 800万部Android智能手机感染恶意软件。

三、专利之争

任何有关2012年智能手机的盘点都不能少了专利权之争，在2012年有关智能手机制造商之间的诉讼索赔、申请禁售令等事件已数不胜数。苹果公司无疑是2012年几乎所有专利权之争中的主角，其与三星之间的纷争点燃全球专利大战的导火索，最终苹果公司获得胜利并收获10亿美元的赔偿。此外，HTC、摩托罗拉移动、RIM、诺基亚等手机业巨头，也陷入"剪不断理还乱"的专利之争中。

2.2.6 智能手机的硬件架构

智能手机的硬件系统有手机系统、CPU、GPU、ROM、RAM、外部存储器、触摸屏、话筒、听筒、摄像头、重力感应、蓝牙和无线连接组成，其硬件架构如图2-1所示。

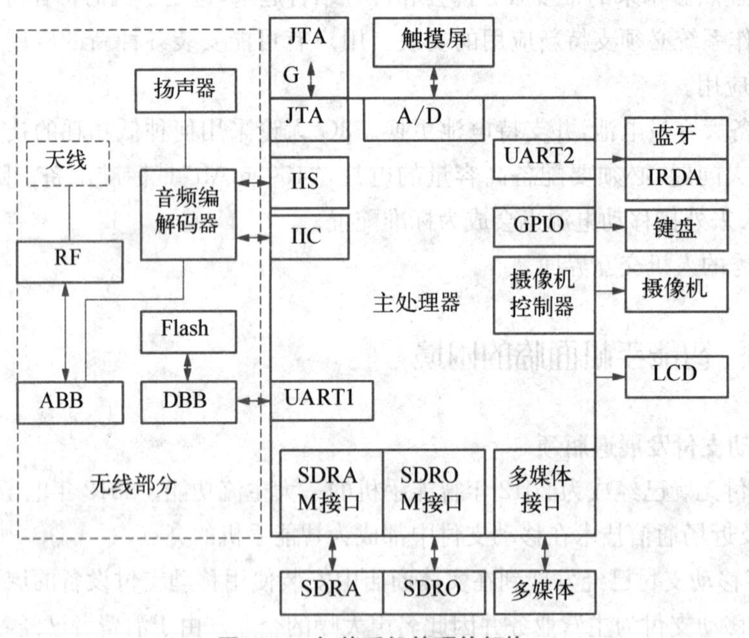

图2-1　智能手机的硬件架构

一、CPU

中央处理器（central processing unit，CPU）是一台计算机的运算核心和控制核心。CPU、内部存储器和输入/输出设备是计算机的三大核心部件。CPU的功能主要是解释计算机指令以及处理计算机软件中的数据，由运算器、控制器、寄存器及实现它们之间联系的数据、控制和状态的总线构成。CPU 的运作可分为 4 个阶段：提取（fetch）、解码（decode）、执行（execute）和写回（writeback）。CPU 从存储器或高速缓冲存储器中取出指令，放入指令寄存器对指令译码，并执行指令。计算机的可编程性主要是指对 CPU 的编程。

选购手机时，CPU 的性能容易被忽略，其实一部性能卓越的智能手机最为重要的肯定是它的“芯”，也就是 CPU。它是整台手机的控制中枢系统，也是逻辑部分的控制中心。微处理器通过运行存储器内的软件及调用存储器内的数据库，达到对手机整体监控的目的。

下面是对不同型号的手机 CPU 进行比较：

(1) 德州仪器的优点是低频高能且耗电量较少，为高端智能机必备 CPU；缺点是价格不菲，对应的手机价格也很高。OMAP3 系列 GPU 性能不高，但 OMAP4 系列有了明显改善。

(2) Intel 的优点是 CPU 主频高，速度快；缺点是耗电、每频率性能较低。

(3) 高通的优点是主频高，性能表现出色，功能定位明确；缺点是功能切换处理能力一般，功耗过高，GPU 兼容性不佳，实际表现与官方参数差距大。

(4) 三星的优点是耗电量低，三星蜂鸟 S5PC110 单核最强，DSP 搭配较好，GPU 性能较强；缺点是三星猎户双核发热问题大，搭载 MALI 400 GPU 构图单一，兼容性不强。

二、GPU

图形处理器（graphic processing unit，GPU）是相对于 CPU 的一个概念，由于在现代计算机中（特别是家用系统面对的游戏发烧友）图形的处理变得越来越重要，需要一个专门的图形核心处理器。

GPU 是显示卡的“大脑”，它决定了该显示卡的档次和大部分性能，同时也是 2D 和 3D 显示卡的区别依据。2D 显示芯片在处理 3D 图像和特效时主要依赖 CPU 的处理能力，称为“软加速”；3D 显示芯片是将 3D 图像和特效处理功能集中在显示芯片内，即“硬件加速”功能。显示芯片通常是显示卡上最大（也是引脚最多）的芯片。现在市场上的显示卡大多采用 NVIDIA 和 AMD－ATI 两家公司的图形处理芯片。

三、ROM＋RAM

(1) ROM 是只读内存（read-only memory）的简称，是一种只能读出事先所存数据的固态半导体存储器。其特性是一旦储存资料就无法再将其改变或删除。通常用在不需经常变更资料的电子或电脑系统中，并且资料不会因为电源关闭而消失。

(2) RAM（random access memory）是随机存储器。存储单元的内容可按需随意取出或存入，且存取的速度与存储单元的位置无关。这种存储器在断电时将丢失其存储内容，故主要用于存储短时间使用的程序。按照存储信息的不同，随机存储器又分为静态随机存储器(static RAM,SRAM)和动态随机存储器(dynamic RAM,DRAM)两种。

四、触摸屏

触控屏(touch panel)又称为触控面板,是个可接收触头等输入信号的感应式液晶显示装置。当接触屏幕上的图形按钮时,屏幕上的触觉反馈系统可根据预先编程的程式驱动各种连接装置,可用以取代机械式的按钮面板,并借由液晶显示画面制造出生动的影音效果。

(1) 电阻式触摸屏:对外界工作环境完全隔离,不怕灰尘、水汽和油污;可以用任何物体来触摸,可以用来写字画画。

(2) 电容式触摸屏:利用人体的电流感应进行工作。电容式触摸屏是一块四层复合玻璃屏,玻璃屏的内表面和夹层各涂有一层氧化铟锡(俗称 ITO),最外层是一薄层稀土玻璃保护层;夹层 ITO 涂层作为工作面,四个角引出四个电极;内层 ITO 为屏蔽层,用以保证良好的工作环境。当手指触摸在金属层上时,由于人体电场,用户和触摸屏表面形成一个耦合电容。对于高频电流来说,电容是直接导体,于是手指从接触点吸走很小的电流,这个电流分别从触摸屏四角的电极中流出,并且流经这四个电极的电流与手指到四角的距离成正比,控制器通过对这四个电流比例的精确计算,可以得出触摸点的位置。

电容式触摸屏是支持多点触摸的人机交互方式,而普通电阻式触摸屏只能进行单一点的触控。

五、重力感应

手机的重力感应技术利用压电效应实现,就是通过测量内部一片重物(重物和压电片做成一体)重力正交两个方向的分力大小来判定水平方向。

六、蓝牙

蓝牙是一种支持设备短距离通信(一般在 10 米内)的无线电技术,能够在包括移动电话、PDA、无线耳机、笔记本电脑、相关外设等众多设备之间实现无线信息交换。利用蓝牙技术,能够有效地简化移动通信终端设备之间的通信,也能够成功地简化设备与互联之间的通信,从而使数据传输变得更加迅速高效,为无线通信拓宽了道路。

七、Wi-Fi

Wi-Fi 是一种可以将个人电脑、手持设备(如 PDA、手机)等终端以无线方式互相连接的技术。Wi-Fi 是一个无线网络通信技术的品牌,由 Wi-Fi 联盟所持有,可以改善基于 IEEE 802.11 标准的无线网络产品之间的互通性。Wi-Fi 不能与 IEEE 802.11 混为一谈,更不能把 Wi-Fi 等同于无线网络。

2.2.7 常见智能手机系统

一、Android OS

Android OS是基于Linux平台的开源手机操作系统Android系统。该平台由操作系统、中间件、用户界面和应用软件组成，号称是首个为移动终端打造的真正开放和完整的移动软件。

到2013年底，Android OS的市场占有率从2012年底的68.8%上升到78.9%。数据表明Android平台占据了市场的主导地位。

二、iPhone OS

iPhone OS(iOS)由苹果公司为iPhone开发的操作系统，主要应用于iPhone和iPad。最新版本iOS 6系统的用户界面(user interface,UI)设计及人机操作是前所未有的优秀，软件极其丰富。苹果完美的工业设计，配以iOS系统的优秀操作感受，已经赢得可观的市场份额。

三、BlackBerry OS

BlackBerry OS是RIM公司独立开发的与黑莓手机相配套的系统。目前在全世界颇受欢迎，黑莓手机更是在智能手机市场独树一帜，目前已在中国拥有大量粉丝。

四、Symbian

Symbian系统是Symbian公司为手机而设计的操作系统。2008年12月2日，Symbian公司被诺基亚收购。2011年12月21日，诺基亚官方宣布放弃Symbian品牌。由于缺乏新技术支持，Symbian的市场份额日益萎缩。截至2012年2月，Symbian系统的全球市场占有量仅为3%。2012年5月27日，诺基亚彻底放弃开发Symbian系统，但是服务将一直持续到2016年。2013年1月24日晚间，诺基亚宣布今后将不再发布Symbian系统的手机，意味着Symbian这个智能手机操作系统，在长达14年之后迎来了谢幕。2014年1月1日，诺基亚正式停止了Nokia Store应用商店内对Symbian应用的更新，也禁止开发人员发布新应用。

Symbian是一个实时性、多任务的纯32位操作系统，具有功耗低、内存占用少等特点，在有限的内存和运存情况下，非常适合手机等移动设备使用，经过不断完善，它可以支持GPRS、蓝牙、SyncML(synchronization markup language)以及3G技术。它包含联合的数据库、使用者界面架构和公共工具的参考实现，前身是Psion公司的EPOC系统。最重要的是，它是一个标准化的开放式平台，任何人都可以为支持Symbian的设备开发软件。与微软产品不同的是，Symbian将移动设备的通用技术，也就是操作系统的内核，与图形用户界面技术分开，能很好地适应不同方式输入的平台，也使厂商可以为自己的产品制作更加友好的操作界面，符合个性化的潮流，这也是用户能够见到不同模样的Symbian

系统的主要原因。为这个平台开发的Java程序在互联网上盛行，用户可以通过安装软件扩展手机功能。

五、Windows Phone 和 Windows Mobile

Windows Mobile(WM)是微软针对移动设备而开发的操作系统。该操作系统的设计初衷是尽量接近于桌面版本的 Windows，微软按照电脑操作系统的模式来设计 WM，WM 的应用软件以 Microsoft Win32 API 为基础。而其"继任者"Windows Phone 操作系统出现后 WM 系列正式退出手机系统市场。2010 年 10 月，微软宣布终止对 WM 的所有技术支持，从而宣告 WM 系列的退市。

六、三星 Bada

Bada 是三星研发的新型智能手机平台，与当前被广泛关注的 Android OS 和 iPhone OS 形成竞争关系，该平台结合当前热度较高的体验操作方式，承接三星 TouchWIZ 的经验，支持 Flash 界面，对互联网应用、重力感应应用、SNS 应用有着很好的支撑，电子商务与游戏开发也列入 Bada 的主体规划，Twitter，CAPCOM，EA 和 Gameloft 等公司都是 Bada 的紧密合作伙伴。

2.2.8 智能手机的发展趋势

中国智能手机市场发展态势良好，但增长速度较为缓慢。目前，智能手机已进入"四核时代"，各大手机生产厂商从 2012 年开始发布品牌旗下的四核手机。四核手机拥有全新架构的处理器、更快的操作速度和更强的游戏体验。

目前全球各地运营商正在开展或者部署 LTE 网络，其中美国的 Verizon，AT&T 和欧洲的运营商都已于 2009 年之后开始，主要部署 FD-LTE，中国移动正在部署 TD-LTE，目前我国的深圳、厦门、南京等几个城市有试点。

2013 年以来，特别是进入 9 月之后，国内外手机厂商纷纷发布旗舰产品，与往年只有苹果和三星站台形成巨大反差，国产手机也纷纷发力于中高端市场。国产品牌手机凭借硬件做工逐步完善和用户体验的完美优化，在高端市场与国外手机巨头的正面战争一触即发。

值得肯定的是，国产手机厂商在产品研发、制造和通信技术上已经有所积累和沉淀，同时依靠与运营商的深入合作，依靠社会渠道商强大的渠道拓展能力，国产品牌手机在国内取得了巨大优势。但是另一方面，国产手机厂商的品牌建设依然需要加强，关键零部件和核心技术依然缺失。

一、从 3G 到 4G 的过渡

对于国内广阔的 3G 智能手机市场，以及 4G 时代来临后 4G 智能手机的普及大潮，都让国内外众多智能手机厂商既激动又担忧，激动的是未来智能手机市场需求依然巨大，担忧的是随着4G时代到来，各手机厂商之间的竞争将愈发激烈，或将重新洗牌也未可知。

随着摩托罗拉、诺基亚、黑莓、HTC的逐渐落寞，国产手机逐渐意识到，紧随新技术浪潮勇于创新和求变，才能在激烈的智能手机竞争中立于不败之地。以国产手机厂商酷派为例，酷派不仅根据国内智能手机市场对价格敏感，采取了更为灵活的定价策略，同时，在3G智能手机操控体验、4G智能手机多模多频段技术的完善上，都表现不俗。

二、形式多样的智能终端

针对方兴未艾的可穿戴设备，酷派适时推出大观4旗舰智能手机和Coolpad智能手表，成为第一个推出智能手表的国产手机厂商。同时，针对用户的反馈和需求，酷派推出了Coolhub手机外设。这款产品不仅可以作为移动电源和蓝牙音箱，还能够提供血压监测、天气提醒等功能。

针对未来智能手机形态和功能的演进，各手机厂商纷纷押注可穿戴设备，以此将智能手机的功能进行延伸。但智能手机作为智能终端中枢的地位始终无法被撼动。诸如小米的国产手机厂商，在推出智能电视、小米盒子等一系列产品时，都以智能手机作为战略中心。

酷派更是将潘-马氏闭杯法(Pensky-Martens closed cup，PMCC)作为公司未来智能手机和相关智能终端的指导战略。有业内人士指出，未来的智能手机，的确像一部个人移动云计算电脑，或将集成更多基于语音识别、大数据和传感器功能，因为这代表未来智能手机的发展方向。

三、语音识别技术的应用前景

语音识别以谷歌GoogleNow和苹果Siri为代表，将智能手机的功能带入人机互动时代，通过语音识别功能，使手机用户从一定程度上解放了双手，也让人们看到未来人工智能领域广阔的应用前景。而同样涉足该领域的百度、腾讯、搜狗等公司也正在加快技术迭代的脚步。

作为国产手机厂商，更应该密切关注未来语音搜索技术的发展，通过与国内互联网公司的合作，完善自身产品的服务体验。同时，国产手机厂商完全可以将更多富于中国文化和特色的内容不断融入语音识别技术中，进而在内容上进行更多资源整合，并紧跟语音识别技术的发展潮流。

也许在未来的某个时间节点，人们与智能手机的交互形式将主要通过语音识别进行，就像人们面对面的交谈一样。触摸只限于玩游戏或者浏览网页，只要语音识别技术能做的事情，统统交给语音识别软件或者芯片来执行。也许有人会说通过意识来控制手机，这种想象力值得肯定，但是从目前来看，这样的技术与语音识别技术相比有更大的难度。而语音识别技术在目前和未来很长的一段时间内，都将是人机交互的主流形式。

四、智能手机或将成为云计算终端之一

云计算和大数据的重要性越来越突出，未来的智能手机或许会成为云计算终端中最

重要的终端形式之一。智能手机是未来最重要的云计算终端，不仅是因为它的便携性，更是基于事实的推测和畅想。

我们知道，iPhone 5S 配备了最新的 A7 处理器，其实这款处理器不仅仅比其前代 A6 处理器的速度提高了 2 倍，更为重要的是，A7 处理器已经集成了 10 亿多个晶体管（英特尔的酷睿桌面处理器 Corei7－4770K 也只有 14 亿个晶体管）。从指令集到 64 位架构，A7 处理器已经完全具备一个现代系统级处理器应有的特征。

在苹果随 iPhone 5S 发布 A7 处理器之后，高通也宣布即将推出 64 位处理器。基于更先进的指令集和 64 位架构，是未来移动终端和软件生态系统的发展方向，也使智能手机处理大数据和作为云计算终端成为可能。随着所有的信息都将基于各种云平台提供服务，如通信业务云、音乐服务云、视频服务云、地图信息云、生活云、购物云、企业运营云等，因为一切尽在“云中”，我们的移动终端将承载更多的数据计算处理工作。

随着以苹果 A7 处理器及未来高通等 ARM 架构的处理器厂商推出更加强大的 64 位处理器，再比较英特尔酷睿系列处理器，未来智能手机数据处理和计算能力将与计算机不相上下，成为新的更重要、更便捷的桌面处理中心。联系可穿戴设备、智能电视、无人驾驶汽车的逐步兴起并不断成为人们关注的焦点，我们可以想象，未来智能手机将成为各种智能终端设备的数据处理和控制中心。

五、传感器让智能手机更安全和智能

苹果的旗舰手机 iPhone 5S 采用了技术先进、反应灵敏的指纹识别技术，其实指纹识别技术在早期的 Thinkpad 笔记本中已经开始采用，而指纹识别技术建立在传感器技术之上。

苹果新款手机采用指纹识别解锁技术，一方面是因为指纹识别技术与其他更加先进的理念和技术相比，商用成本低而且技术已经非常成熟；另一方面，基于人的指纹的唯一性，未来指纹识别或将应用于个人支付领域，这不仅能保证 iPhone 的安全，也能通过 iPhone 和指纹识别进行安全支付。

不仅只有指纹识别技术，其实语音识别技术、手机重力感应功能、手机屏幕自动旋转，乃至谷歌 GoogleNow 中感知用户地理位置进而推送天气、餐饮、交通等消息的功能，无一不是通过传感器技术来完成的。未来的智能手机，将真正成为我们的得力助手，甚至有人怀疑，随着智能手机越来越智能，通过手机的语音技术、大数据处理能力、云计算和传感器的集成使用而真正实现人工智能。

在基于以上技术分析的同时，国产手机厂商应该针对以上技术采取积极的态度，基于未来智能手机高度集成化的趋势，作出长远的战略规划。虽然目前我们的技术和研发实力不如国外厂商，但是联系大哥大、摩托罗拉和诺基亚横行的年代，谁会想到中华酷联现在会有如此大的市场份额？千里之行，始于足下，对于国产手机厂商来说，依然任重道远。

2.2.9 定位跟踪能力

一、GPS

全球定位系统(global positioning system,GPS)是由美国国防部开发的,最早在20世纪90年代出现在手机中,目前仍然是进行户外定位最知名的方法。GPS通过卫星直接将位置和时间数据发到用户手机。如果手机能够获取3个卫星的信号,就能够显示用户在平面地图的位置;如果获取4个卫星的信号,还能够显示高度。

其他国家也开发了与GPS类似的系统,但并不与GPS相冲突,实际上这些系统可以让室外定位变得更加容易。俄罗斯的Glonass已经投入使用;中国的Compass正在试用阶段;欧洲的Galileo和日本的Quasi-Zenith卫星系统也正在开发中。手机芯片制造商正在开发可以利用多个卫星以更快获取定位信息的处理器。

二、辅助GPS技术

GPS虽然运作良好,但是可能需要的时间较长,并且在室内或者反射卫星信号的建筑群中,有时将无法精确定位。辅助GPS技术就是帮助解决这个问题的工具组合。GPS等待时间较长的原因之一在于发现卫星后,手机需要下载卫星未来4小时的位置信息以跟踪卫星,这些信息到达手机后才会启动完整的GPS服务。现在运营商可以通过蜂窝网络或者无线网络来发送这些数据,这要比卫星链接快得多。定位技术公司RXNetworks的首席执行官表示,辅助GPS技术能帮助将GPS的启动时间从45秒缩短到15秒或者更短,目前还不可预知。

三、加速GPS技术

上述的辅助GPS技术仍然需要一个可用的数据网络和传递卫星信息的时间,而加速GPS技术使用计算能力来提前几天或几周预测卫星的定位。通过缓存的卫星数据,手机旺旺能够在两秒内识别卫星位置。

四、Cell ID

上述加速GPS技术仍然需要找到3个卫星才能定位。运营商已经知道如何在没有GPS的情况下定位手机,通过被称为"Cell ID"的技术来确定用户正在使用的Cell基站,以及他们与相邻基站的距离;确定手机正在使用的基站后,使用基站识别号码和位置的数据库,运营商就可以知道手机的位置。这种技术更适用于基站覆盖面广的城市地区。

五、Wi-Fi

Wi-Fi与Cell ID定位技术有些类似,但更为精确,因为Wi-Fi接入点覆盖面积较小。实际上有两种方法可以通过Wi-Fi来确定位置,最常见的方法是接受信号强度指示

(RSSI)，利用用户手机从附近接入点检测到的信号，并反映到 Wi-Fi 网络数据库。使用信号强度来确定距离，RSSI 通过已知接入点的距离来确定用户距离。

六、惯性传感器

如果在一个没有无线网络的地方，惯性传感器仍然可以追踪位置信息。目前大多数智能手机配有 3 个惯性传感器：罗盘（或者磁力仪）来确定方向；加速度计来报告朝某个方向前进的速度；陀螺仪来确定转向动作。这些传感器可以在没有外部数据的情况下确定位置，但是只能在有限时间内（如几分钟内）。经典实例就是行驶到隧道时，如果手机知道进入隧道前的位置，它就能够根据速度和方向来判断位置。这些工具通常与其他定位系统结合起来使用。

七、气压计

在人行道或者街道上的室外导航要么是直行，要么是向左转或者向右转。但是对于室内，GPS 很难做出正确定位。确定高度的方法之一就是气压计，气压计利用了高度越高空气越稀薄的原理。一些智能手机已经具备可以检测气压的芯片，但是，要使用气压功能，手机需要下载当地天气数据作为测量气压的基准数字，而且建筑物内的空调使用也会影响传感器的精准度。气压计最好与其他工具结合使用，如 GPS、Wi-Fi 和短程系统。

八、超声波

有时检测某人是否进入某一地区，可以了解他们在做什么，这可以通过短距离无线系统来实现，如射频识别（radio frequency identification，RFID）。NFC 开始出现在手机中，可用于检查点，但是厂商安装 NFC 的主要目的是为了支付。顾客忠诚度公司 Shopkick 已经开始使用短距离系统来确定客户是否走进一家商店。Shopkick 没有使用射频，而是使用商店门内的超声波装置。如果客户运行 Shopkick 应用程序，当他们进入商店大门时，应用程序就会告诉 Shopkick；购物者进入商店后，手机就会立即显示可以赚取积分、兑换礼品卡和其他奖品等。

九、蓝牙信号

使用通过蓝牙发出信号的信标，在特定区域（如在零售商店）内可以实现非常精确的定位。每隔几米就放置一个这些比手机还要小的信标，就能够与所有装有 Bluetooth 4.0 的移动设备进行通信。Broadcom 公司表示，场地所有者可以使用来自传送器密集网络的信号来确定该空间的位置，例如，商店可以确定客户在接近货架上的特定产品，并提供优惠。

十、地面传送器

澳大利亚初创公司 Locata 正在试图将 GPS 带到地面来克服 GPS 的限制。该公司制作了与 GPS 原理相同的定位传送器，不过它们是安装在建筑物和基站塔上。因为这种传送器是固定的，并且能够提供比卫星更强的信号，Locata 可以提供非常精准的定位，该公司首席执行官表示 Locata 网络比 GPS 更加可靠。

2.2.10 智能手机在移动互联的应用

友盟发布了《2013 年中国年度移动互联网报告》。该报告基于对友盟平台的 21 万款 iOS/Android 应用匿名抽样统计，提出 2012 年到 2013 年值得注意的几点趋势性现象，如图 2－2 所示。

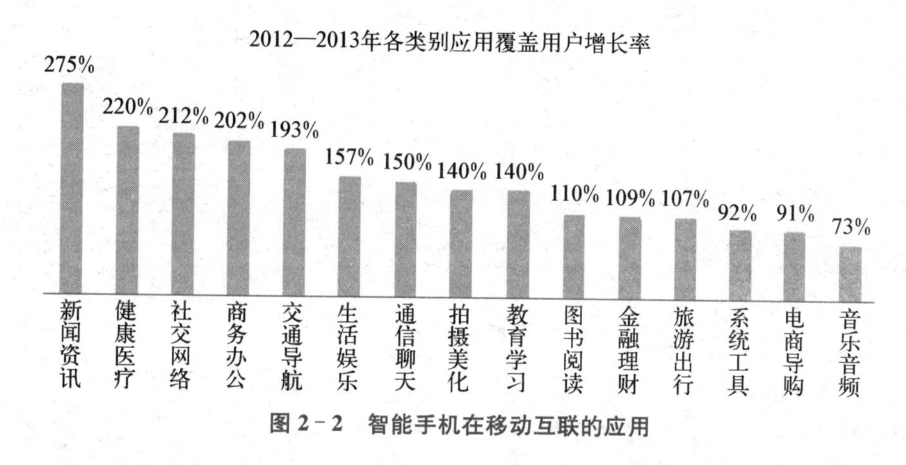

图 2－2 智能手机在移动互联的应用

新闻资讯、健康医疗、社交网络、商务办公、交通导航，这五大领域在 2013 年用户增长最快（除游戏外），这些领域或将为开发者带来新的机会。有趣的是，社交网络类应用在 2013 年的用户增幅进入前三名，新的方式（图片、短视频等）和需求（交友、婚恋、育儿等）在移动层面重新激活了“社交”这个关键词。

本章小结

平板电脑和智能手机是智能移动终端的核心设备，促进信息消费已成为推动经济转型、升级经济政策的着力点之一。随着我国“信息消费”战略的推进，移动互联网时代与智能终端时代的全面到来，智能终端与移动互联网面临着新的发展机遇。本章主要介绍平板电脑的特点、平板电脑在移动互联的应用、智能手机的基本功能、智能手机的硬件架构和智能手机在移动互联的应用。

第3章

Android 开发简介

通过对本章内容的学习，你应了解和掌握如下问题：

- Android 架构
- Android 应用程序的架构
- Android 开发环境的配置

章首引语：Android 是一种基于 Linux 的自由及开放源代码的操作系统，主要使用于移动设备，如智能手机和平板电脑。Android 逐渐扩展到其他领域，如电视、数码相机、游戏机等。2011 年第一季度，Android 在全球的市场份额首次超过 Symbian 系统，跃居全球第一；2013 年第四季度，Android 平台手机的全球市场份额已经达到78.1%；2014 年第一季度，Android 平台已占所有移动广告流量来源的 42.8%，首度超越 iOS。

§3.1　Android 基本概念

Android 是一种基于 Linux 的自由及开放源代码的操作系统，主要使用于移动设备，如智能手机和平板电脑，由谷歌公司和开放手机联盟领导及开发。Android 尚未有统一的中文名称，中国大陆地区多为使用“安卓”或“安致”。

Android 操作系统最初由安迪鲁宾开发，主要支持手机。2005 年 8 月由谷歌收购注资。2007 年 11 月，谷歌与 84 家硬件制造商、软件开发商及电信营运商组建开放手机联盟，共同研发改良 Android 系统。随后谷歌以 Apache 开源许可证的授权方式，发布了 Android 的源代码。第一部 Android 智能手机发布于 2008 年 10 月。Android 逐渐扩展到平板电脑及其他领域，如电视、数码相机、游戏机等。2011 年第一季度，Android 在全球的市场份额首次超过 Symbian 系统，跃居全球第一；2013 年第四季度，Android 平台手机的全球市场份额已经达到 78.1%；2013 年 9 月 24 日 Android 迎来了 5 岁生日，全世界采用这款系统的设备数量已经达到 10 亿台。

3.1.1 系统简介

Android 一词的本义是指“机器人”，最早出现于法国作家利尔亚当在 1886 年发表的科幻小说《未来夏娃》中，他将外表像人的机器起名为“Android”。

Android 的标识由 Ascender 公司设计，诞生于 2010 年，其设计灵感源于男女厕所门上的图形符号。布洛克绘制了一个简单的机器人，它的躯干就像锡罐的形状，头上还有两根天线，Android 小机器人便诞生了。其中的文字使用了 Ascender 公司专门制作的称为“Droid”的字体。Android 是一个全身绿色的机器人，绿色也是 Android 的标志。颜色采用 PMS 376C 和 RGB 中十六进制的＃A4C639 来绘制，这是 Android 操作系统的品牌象征。有时还会使用纯文字的标识。

2012 年 7 月美国科技博客网站 BusinessInsider 评选出 21 世纪 10 款最重要电子产品，Android 操作系统和 iPhone 等榜上有名。

3.1.2 发展历程

2003 年 10 月，安迪鲁宾等人创建 Android 公司，并组建 Android 团队。

2005 年 8 月 17 日，谷歌低调收购成立仅 22 个月的高科技企业 Android 及其团队。安迪鲁宾成为谷歌公司工程部副总裁，继续负责 Android 项目。

2007 年 11 月 5 日，谷歌公司正式向外界展示这款名为“Android”的操作系统，并且宣布建立一个全球性的联盟组织。该组织由 34 家手机制造商、软件开发商、电信运营商以及芯片制造商共同组成，并与 84 家硬件制造商、软件开发商及电信营运商组成开放手持设备联盟（Open Handset Alliance）来共同研发改良 Android 系统，这一联盟将支持谷歌发布的手机操作系统以及应用软件。谷歌以 Apache 免费开源许可证的授权方式，发布了 Android 的源代码。

2008 年，在 GoogleI/O 大会上，谷歌提出 Android HAL 架构图。同年 8 月，Android 获得美国联邦通信委员会（FCC）的批准。2008 年 9 月，谷歌正式发布 Android 1.0 系统，这也是 Android 系统最早的版本。

2009 年 4 月，谷歌正式推出 Android 1.5 手机。从 Android 1.5 版本开始，谷歌开始将 Android 的版本以甜品的名字命名，Android 1.5 命名为“Cupcake”(纸杯蛋糕)。该系统与 Android 1.0 相比，有了很大的改进。

2009 年 9 月，谷歌发布 Android 1.6 的正式版，并且推出搭载 Android 1.6 正式版的手机 HTC Hero(G3)。凭借出色的外观设计以及全新的 Android 1.6 操作系统，HTC Hero(G3)成为当时全球最受欢迎的手机。Android 1.6 也有一个有趣的甜品名称，它被称为“Donut”(甜甜圈)。

2010 年 2 月，Linux 内核开发者 Greg Kroah-Hartman 将 Android 的驱动程序从 Linux 内核“状态树”(staging tree)上除去，从此，Android 与 Linux 开发主流分道扬镳。同年 5 月，谷歌正式发布 Android 2.2 操作系统，并将其命名为“Froyo”(冻酸奶)。

2010 年 10 月，谷歌宣布 Android 系统达到第一个里程碑，即电子市场获得官方数字认证的 Android 应用数量已经达到 10 万个，Android 系统的应用增长非常迅速。2010 年 12 月，谷歌正式发布 Android 2.3 操作系统“Gingerbread”(姜饼)。

2011 年 1 月，谷歌称每日 Android 设备新用户数量达到 30 万部，到 2011 年 7 月，这个数字增长到 55 万部，而 Android 系统设备的用户总数达到 1.35 亿。Android 系统已经成为智能手机领域占有量最高的系统。

2011 年 8 月，Android 手机已占据全球智能机市场 48%的份额，并在亚太地区市场占据统治地位，终结了 Symbian 的霸主地位，跃居全球第一。

2011 年 9 月，Android 系统的应用数目已经达到 48 万，而在智能手机市场，Android 系统的占有率已经达到 43%，继续排在移动操作系统首位。谷歌发布全新的 Android 4.0 操作系统，这款系统被谷歌命名为“Ice Cream Sandwich”(冰激凌三明治)。

2012 年 1 月，谷歌 Android Market 已有 10 万开发者推出超过 40 万活跃的应用，大多数的应用程序免费。Android Market 应用程序商店目录在新年首周周末突破 40 万基准，距离突破 30 万应用仅 4 个月。2011 年年初时，Android Market 从 20 万增加到 30 万应用也只花了 4 个月。

2013 年 11 月，Android 4.4 正式发布。从具体功能上讲，Android 4.4 提供了各种实用小功能，新的 Android 系统更为智能，添加更多的表情图案(Emoji)，用户界面的改进也更现代。

Android 各代版本的标识如图 3 - 1 所示。

3.1.3 发行版本

在正式发行之前，Android 最开始拥有两个内部测试版本，分别用著名的机器人名称“阿童木”(Android Beta)和“发条机器人”(Android 1.0)来命名。由于涉及版权问题，谷歌将其命名规则变更为用甜点作为系统版本代号的命名方法。甜点命名法开始于 Android 1.5 发布。作为每个版本代表的甜点的尺寸越变越大，然后按照 26 个字母数序：纸杯蛋糕(Cupcake，Android 1.5)，甜甜圈(Donut，Android 1.6)，松饼(Eclair，Android

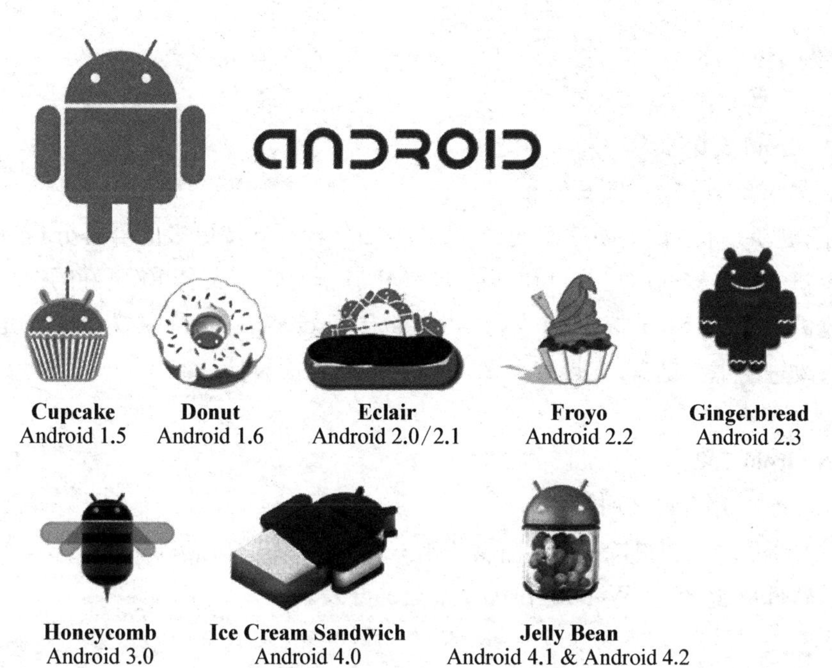

图 3-1　Android 各代版本的标识

2.0/2.1)，冻酸奶(Froyo，Android 2.2)，姜饼(Gingerbread，Android 2.3)，蜂巢(Honeycomb，Android 3.0)，冰激凌三明治(Ice Cream Sandwich，Android 4.0)，果冻豆(Jelly Bean，Android 4.1 和 Android 4.2)。

一、Android 1.1

2008 年 9 月发布 Android 第一版。

二、Android 1.5

Cupcake：2009 年 4 月 30 日发布。

主要的更新如下：拍摄/播放影片，并支持上传到 Youtube；支持立体声蓝牙耳机，同时改善自动配对性能；最新的采用 WebKit 技术的浏览器，支持复制/粘贴和页面中搜索；GPS 性能大大提高；提供屏幕虚拟键盘；主屏幕增加音乐播放器和相框插件；应用程序自动随着手机旋转；短信、Gmail、日历、浏览器的用户接口大幅改进，如 Gmail 可以批量删除邮件；相机启动速度加快，拍摄图片可以直接上传到 Picasa；来电照片显示。

三、Android 1.6

Donut：2009 年 9 月 15 日发布。

主要的更新如下：重新设计的 Android Market 手势；支持 CDMA 网络；文字转语音系统(Text-to-Speech)；快速搜索框；全新的拍照接口；查看应用程序耗电；支持虚拟私人网络(VPN)；支持更多的屏幕分辨率；支持 OpenCore2 媒体引擎；新增面向视觉或听觉困

难人群的易用性插件。

四、Android 2.0

Eclair：2009年10月26日发布。

主要的更新如下：优化硬件速度；“Car Home”程序；支持更多的屏幕分辨率；改良的用户界面；新的浏览器的用户接口和支持HTML5；新的联系人名单；更好的白色/黑色背景比率；改进Google Maps 3.1.2；支持Microsoft Exchange；支持内置相机闪光灯；支持数码变焦；改进的虚拟键盘；支持蓝牙2.1；支持动态桌面设计。

五、Android 2.2

Froyo：2010年5月20日发布。

主要的更新如下：整体性能大幅度提升；3G网络共享功能；Flash支持；App2sd功能；全新的软件商店；更多Web应用API接口的开发。

六、Android 2.3.X

Gingerbread：2010年12月7日发布。

主要的更新如下：增加新的垃圾回收和优化处理事件；原生代码可直接存取输入和感应器事件、EGL/OpenGLES、OpenSL ES；新的管理窗口和生命周期的框架；支持VP8和WebM视频格式，提供AAC和AMR宽频编码，提供新的音频效果器；支持前置摄像头、SIP/VOIP和NFC；简化界面、速度提升；更快更直观的文字输入；一键文字选择和复制/粘贴；改进的电源管理系统；新的应用管理方式。

七、Android 3.0

Android 3.0 Honeycomb：2011年2月2日发布。

主要更新如下：优化针对平板；全新设计的用户界面增强网页浏览功能；In - App Purchases功能。

八、Android 3.1

Android 3.1 Honeycomb：2011年5月11日发布。

版本主要更新如下：经过优化的Gmail电子邮箱；全面支持Google Maps；将Android手机系统与平板系统再次合并，从而方便开发者；任务管理器可滚动，支持USB输入设备(键盘、鼠标等)；支持Google TV，可以支持XBOX 360无线手柄；插件支持的变化，能更加容易定制屏幕插件。

九、Android 3.2

Android 3.2 Honeycomb：2011年7月13日发布。

版本更新如下：支持7英寸设备；引入应用显示缩放功能。

十、Android 4.0

Ice Cream Sandwich：2011年10月19日在香港发布。

版本主要更新如下：全新的用户界面；全新的Chrome Lite浏览器，有离线阅读、16标签页、隐身浏览模式等；截图功能；更强大的图片编辑功能；自带照片应用堪比Instagram，可以加滤镜、加相框，进行360度全景拍摄，照片还能根据地点来排序；Gmail加入手势、离线搜索功能，用户界面更强大；新功能People：以联系人照片为核心，界面偏重滑动而非点击，集成Twitter，Linkedin，Google＋等通信工具；有望支持用户自定义添加第三方服务；新增流量管理工具，可具体查看每个应用产生的流量、限制使用流量，到达设置标准后自动断开网络。

十一、Android 4.1

Android 4.1 Jelly Bean：2012年6月28日发布。

版本推出的新特性如下：更快、更流畅、更灵敏；特效动画的帧速提高至60帧每秒(fps)，增加了3倍缓冲；增强通知栏；全新搜索；搜索将会带来全新的用户界面、智能语音搜索和Google Now 3项新功能；桌面插件自动调整大小；加强无障碍操作；语言和输入法扩展；新的输入类型和功能；新的连接类型。

十二、Android 4.2

Android 4.2 Jelly Bean：2012年10月30日发布。

Android 4.2也沿用"果冻豆"这一名称，反映出这种操作系统与Android 4.1的相似性，但Android 4.2推出一些重大的新特性，具体如下：Photo Sphere全景拍照功能；键盘手势输入功能；改进锁屏功能，包括锁屏状态下支持桌面挂件和直接打开照相功能等；可扩展通知，允许用户直接打开应用；Gmail邮件可缩放显示；Daydream屏幕保护程序；用户连点三次可放大整个显示屏，还可用两根手指进行旋转和缩放显示，以及专为盲人用户设计的语音输出和手势模式导航功能等；支持Miracast无线显示共享功能；Google Now允许用户使用Gmail作为新的数据来源，如改进后的航班追踪功能、酒店和餐厅预订功能以及音乐和电影推荐功能等。

十三、Android 4.4

Android 4.4是由谷歌公司制作和研发的代号为"KitKat"(奇巧)的手机操作系统，2013年9月4日发布。

版本优化RenderScript计算和图像显示，取代OpenCL；支持两种编译模式，除了默认的Dalvik模式，还支持ART模式。版本推出的新特性如下：

(1) RAM优化：Android 4.4 KitKat针对RAM占用进行优化，甚至可以在一些仅有512MB RAM的老款手机上流畅运行。它也进一步优化系统在低配硬件上的运行效果，支持内核同页合并 KSM，zRAM 交换，能够更好地在众多智能穿戴设备上运行。

(2) 新图标、锁屏、启动动画和配色方案：之前蓝绿色的配色设计被更换成白/灰色，图标风格也进一步扁平化，还内置了一些新的动画，整体来说界面更漂亮、占用资源更少。另外，还加入了半透明的界面样式，以确保状态栏和导航栏在应用中发挥更好的效果。

(3) 新的拨号和智能来电显示：新的拨号程序会根据使用习惯自动智能推荐常用的联系人，方便快速拨号；同时，一些知名企业或是服务号码的来电，即使手机中没有存储，会使用谷歌的在线数据库进行匹配、自动显示名称。

(4) 加强主动式语音功能：在 Nexus 5 上可以通过说"OK，Google"来启动语音功能，而不需要触碰任何按键或屏幕，这一功能并非支持所有机型。另外，语音搜索功能更加准确，精度提升了 25%，还支持买电影票等新功能。

(5) 集成 Hangouts IM 软件：集成 GMS 的 Android 4.4 内置 Hangouts IM 软件，这一软件类似于国内的微信，可以实现跨平台的文字、语音聊天功能，也能够传输图片、视频等各种文件。

(6) 全屏模式：无论是在阅读电子书，还是使用任何其他应用程序，都能够方便地进入全屏模式，隐藏虚拟按键，带来更投入的使用体验。只需滑动屏幕边缘，便可找回按键，十分方便。

(7) 支持 Emoji 键盘：Android 也能够支持丰富有趣的 Emoji 输入，可以让邮件或信息更加个性化。

(8) 轻松访问在线存储：可以直接在手机或平板电脑中打开存储在 Google Drive 或其他云端的文件，支持相册或 QuickOffice 等软件，十分方便。

(9) 无线打印：可以使用谷歌 Cloud Print 无线打印手机内的照片、文档或网页，其他打印机厂商也迅速跟进并发布相关应用。

(10) 屏幕录像功能：Android 4.4 增加屏幕录像功能，可以将所有在设备上的操作录制为一段 MP4 视频，并选择长宽比或是比特率，甚至添加水印。

(11) 内置字幕管理功能：在播放视频时可自行添加字幕。

(12) 计步器应用：Android 4.4 内置计步器等健身应用，谷歌也在加紧与芯片制造商的合作，为未来的智能手表做准备。

(13) 低功耗音频和定位模式：Android 4.4 加入低功耗音频和定位模式，进一步减少设备的功耗。

(14) 新的接触式支付系统：虽然谷歌钱包还没正式推出，但是 Android 4.4 中已经加入新的接触式支付功能，通过 NFC 和智能卡，可以在手机端轻松完成支付。

(15) 新的蓝牙配置文件和红外兼容性：Android 4.4 内置两个新的蓝牙配置文件，可以支持更多的设备(包括鼠标、键盘和手柄)，功耗也更低，还能够与车载蓝牙交换地图。另外，新的红外线遥控接口可以支持更多设备(包括电视、开关等)。

§3.2 Android 系统构架

Android 系统架构由 Linux 内核层(Linux Kernel)、系统运行层(Android Runtime)、库(Libraries)、应用框架层(Application Framework)、应用层(Applications)5 个部分组成,如图 3-2 和图 3-3 所示。

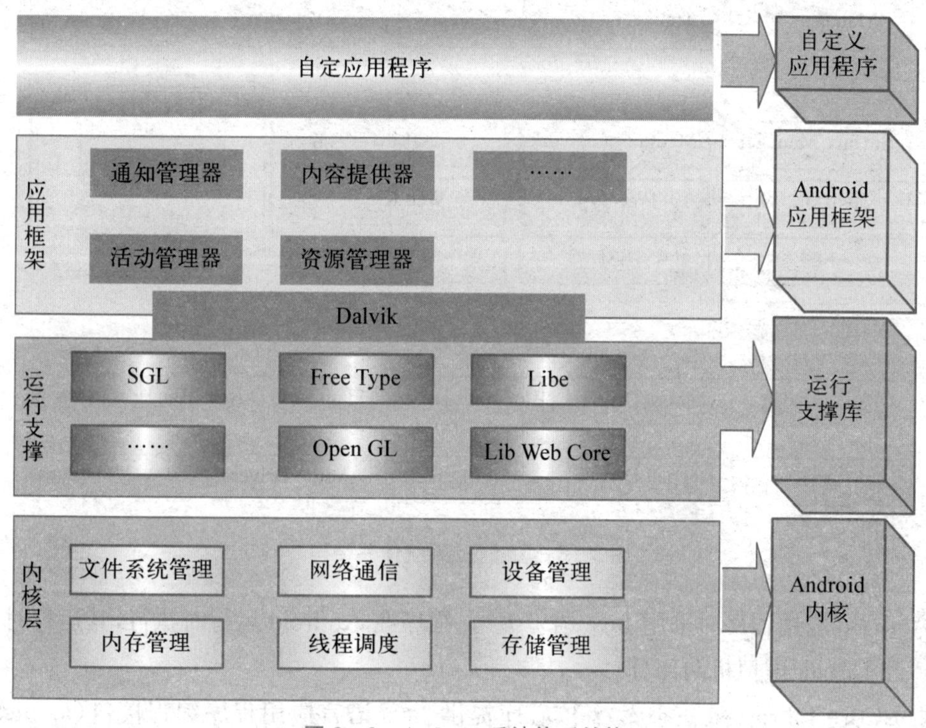

图 3-2　Android 系统体系结构

一、Linux 内核层

Android 基于 Linux 2.6 提供核心系统服务,如安全、内存管理、进程管理、网络堆栈、驱动模型。Linux 内核层也作为硬件和软件之间的抽象层,它隐藏具体硬件细节而为上层提供统一的服务。由计算机网络 OSI/RM 可以知道分层的好处,就是使用下层提供的服务、为上层提供统一的服务、屏蔽本层及以下层的差异,当本层及以下层发生变化时不会影响上层。也就是说,各层各尽其职,各层提供固定的上层访问下层所提供服务的点(Service Access Point,SAP),专业点可以说是高内聚、低耦合。如果只是做应用开发,就不需要深入了解 Linux 内核层。

二、系统运行层

Android 包括一个核心库的集合,提供 Java 编程语言核心库中的绝大多数功能。

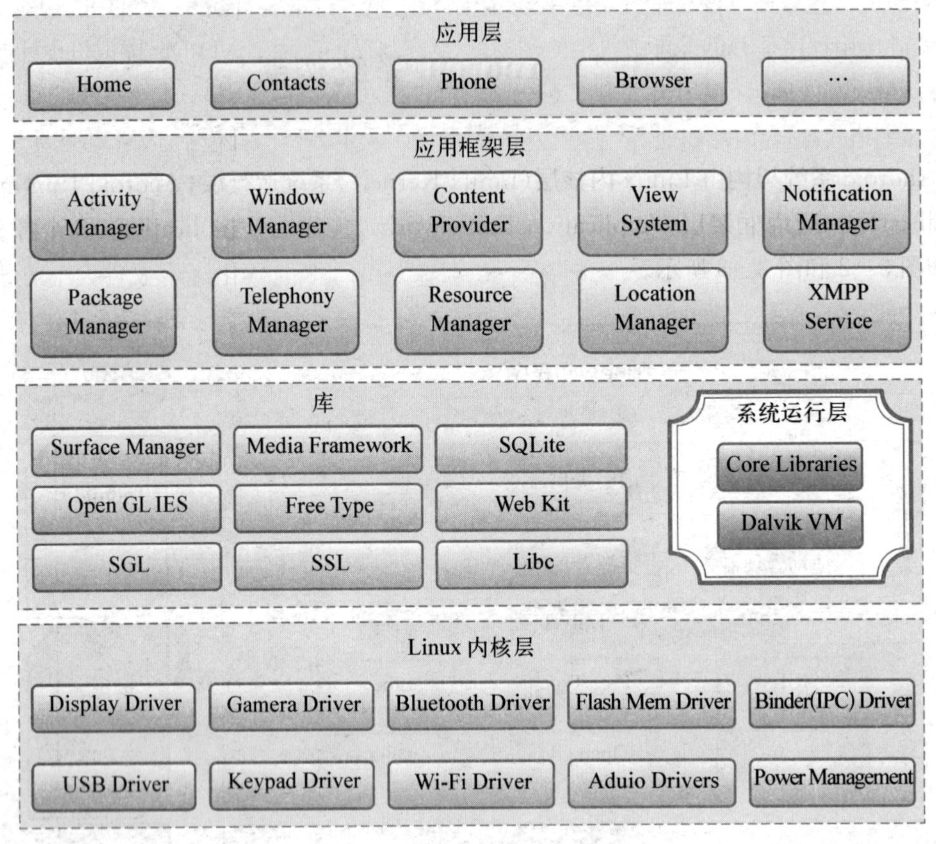

图 3-3 Android 系统体系结构

Android 应用程序时采用 Java 语言编写，程序在 Android 运行时执行，其运行时分为核心库和 Dalvik 虚拟机两部分。

(1) Core Libraries(核心库)：核心库提供 Java 语言应用程序编程接口(application programming interface，API)中的大多数功能，同时也包含 Android 的一些核心 API，如 android. os，android. net，android. media 等。

(2) Dalvik VM(Dalvik 虚拟机)：与 J2me 程序不同，每个 Android 应用程序都有专有的进程，并且不是多个程序在一个虚拟机中运行，而是每个 Android 程序都有 Dalvik 虚拟机的实例，并在该实例中执行。Dalvik 虚拟机是一种基于寄存器的 Java 虚拟机，而不是传统的基于栈的虚拟机，并具有进行内存资源使用优化以及支持多个虚拟机的特点。需要注意的是，不同于 J2me 程序，Android 程序在虚拟机中执行的并非编译后的字节码，而是通过转换工具 dx 将 Java 字节码转成 dex 格式的中间码。

每个 Android 应用都在自己的进程中运行，该进程也属于某个 Dalvik 虚拟机的实例。Dalvik 被设计成能让设备高效地运行多个虚拟机。Dalvik 虚拟机执行的是. dex 结尾的 Dalvik 可执行文件格式，该格式被优化为最小内存使用。虚拟机是基于寄存器的并且运行 Java 编程语言所编译的类，这些类被内置的 dx 工具转换为. dex 格式。

Android包含一个核心库的集合，提供大部分在Java编程语言核心库中可用的功能。每个Android应用程序是Dalvik虚拟机中的实例，运行在自己的进程中。Dalvik虚拟机设计成在一个设备可以高效地运行多个虚拟机。其可执行文件格式是.dex，dex格式是专为Dalvik设计的一种压缩格式，适合内存和处理器速度有限的系统。大多数虚拟机包括JVM都是基于栈的，而Dalvik虚拟机是基于寄存器的。两种架构各有优劣，一般而言，基于栈的机器需要较多指令，而基于寄存器的机器指令更多。dx是一套工具，可以将Java .class转换成 .dex格式。一个dex文件通常会有多个.class语句。由于dex有时必须进行最佳化，会使文件大小增加1～4倍，并以ODEX结尾。Dalvik虚拟机依赖于Linux内核提供基本功能，如线程和底层内存管理。

三、库

Android包括了C/C＋＋库的集合，被Android系统的众多组件所使用。通过Android的应用框架，这些功能被开放给开发者。其中的一些核心库如下：

(1) Libc(系统C库)：一个继承自BSD的标准C系统实现，被调整成面向基于Linux的嵌入式设备。

(2) Media Framework(媒体库)：基于Packet Video's Open Core；该库支持许多流行音频/视频的录制与回放，当然还支持静态的图片文件，包括MPEG4，H.264，MP3，AAC，AMR，JPG和PNG。

(3) Surface Manager(表面管理器)：管理显示子系统，能无缝地组合多个应用的2D和3D图像层。

(4) Lib Web Core：一个流行的Web浏览器引擎，同时支持Android浏览器和嵌入式的Web视图。

(5) SGL：一底层的2D图像引擎。

(6) 3D Libraries：基于Open GL ES 1.0 APIs的实现；该库或使用硬件3D加速，或使用内置高度优化的3D软件光栅。

(7) Free Type：位图和矢量字体渲染。

(8) SQLite：一个强大而轻量的关系数据库引擎，对所有应用可用。

四、应用层

Android装配核心应用程序集合，包括电子邮件客户端、SMS程序、日历、地图、浏览器、联系人和其他设置。所有应用程序都用Java编程语言完成，并且这些应用程序都可以被开发人员开发的其他应用程序所替换。这一点不同于其他手机操作系统固化在系统内部的系统软件，因此更加灵活和个 性化。

五、应用框架层

通过提供一个开放的开发平台，Android提供给开发者建立极其丰富和创新应用的能力。开发者自由地享有硬件设备的优势，访问本地信息，运行后台服务，设置警示，向状态栏添加通知等。

开发者能完全访问与核心应用所用的同一个框架 APIs。应用架构被设计得能够简化组件的重用;任何应用都可以发布其功能,而其他的应用也就可以使用这些功能(安全限制主题由框架增强)。同样的机制允许用户替换组件。

应用程序框架层是从事 Android 开发的基础,很多核心应用程序也是通过这一层来实现其核心功能。应用该层能够简化组件的重用,开发人员可以直接使用其提供的组件来进行快速的应用程序开发,也可以通过继承而实现个性化的拓展。

(1) Activity Manager(活动管理器): 管理各个应用程序生命周期以及通常的导航回退功能;

(2) Window Manager(窗口管理器): 管理所有的窗口程序;

(3) Content Provider(内容提供器): 使得不同应用程序之间存取或者分享数据;

(4) View System(视图系统): 构建应用程序的基本组件;

(5) Notification Manager(通告管理器): 使得应用程序可以在状态栏中显示自定义的提示信息;

(6) Package Manager(包管理器): Android 系统内的程序管理;

(7) Telephony Manager(电话管理器): 管理所有的移动设备功能;

(8) Resource Manager(资源管理器): 提供应用程序使用的各种非代码资源,如本地化字符串、图片、布局文件、颜色文件等;

(9) Location Manager(位置管理器): 提供位置服务;

(10) XMPP Service(XMPP 服务): 提供 Google Talk 服务。

综上所述,Android 的架构是分层的,非常清晰,分工明确。Android 本身是一套软件堆迭(software stack),或称为软件迭层架构,迭层主要分成三层: 操作系统、中间件、应用程序。

§ 3.3 Android 应用程序框架

从 Linux 系统启动 Android 启动分为 4 个步骤: ① init 进程启动;② Native 服务启动;③ System Server,Android 服务启动;④ Home 启动。启动流程如图 3-4 所示。

对于一个 Android 应用程序来说,由 4 种构造块组织而成,这 4 种构造块分别为 Activity,Intent Receiver,Service 和 Content Provider。但并不是每个 Android 系统应用程序都需要这 4 种构造块,有时只需要这 4 种中的几种组合成应用。

明确应用需要哪些构造块后,可以在 Android Manifest. xml 中登记这些构造块的清单。这是一个 XML 配置文件,用于定义应用程序的组件、组件的功能及必要条件等。这个配置文件是每个 Android 应用所必需的。对于 Android Mainfest. xml 的 Schema 文件,可参考 SDK 包附带的文档。

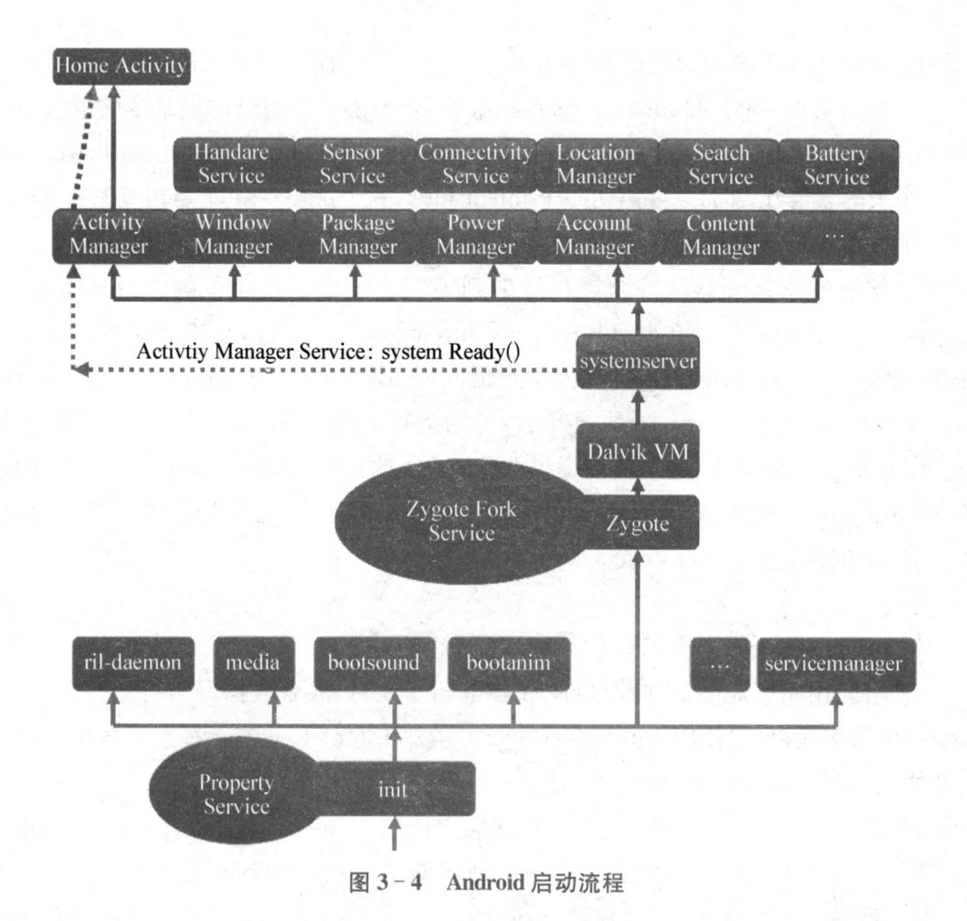

图 3-4 Android 启动流程

一、Activity

Activity 是 Android 系统应用程序中最基本的一种构造块。在应用中一个 Activity 通常就是一个单独的屏幕。每个 Activity 都被实现为一个独立的类，并且继承 Activity 这个基类。这个 Activity 类将会显示由几个 Views 控件组成的用户接口，并对事件做出响应。大部分的应用都会包含多个屏幕。例如，一个短消息应用程序将会有一个屏幕用于显示联系人列表，第二个屏幕用于写短消息，同时还会有用于浏览旧短消息及进行系统设置的屏幕。每个这样的屏幕就是一个 Activity。从一个屏幕导航到另一个屏幕是很简单的。在一些应用中，一个屏幕甚至会返回值给前一个屏幕。

当一个新的屏幕打开后，前一个屏幕将会暂停，并保存在历史堆栈中。用户可以返回到历史堆栈中的前一个屏幕。当屏幕不再使用时，还可以从历史堆栈中删除。默认情况下，Android 将会保留从主屏幕到每个应用的运行屏幕。

Android 系统应用程序使用了 Intent 这个特殊类，实现在屏幕与屏幕之间移动。Intent 类用于描述一个应用将会做什么事。在 Intent 的描述结构中，有两个最重要的部分：动作和动作对应的数据。典型的动作类型有 MAIN(Activity 的门户)，VIEW，PICK，EDIT 等。动作对应的数据则以 URI 的形式进行表示。例如，要查看一个人的联系方式，需要创建一个动作类型为 VIEW 的 Intent，以及一个表示这个人的 URI。

与之有关系的一个类叫 intent-filter。相对于 Intent 是一个有效的做某事的请求，intent-filter 则用于描述一个 Activity（或者 Intent Receiver）能够操作哪些 Intent。如果 Activity 要显示一个人的联系方式时，需要声明一个 intent-filter，这个 intent-filter 要知道怎么去处理动作和表示这个人的 URI。intent-filter 需要在 Android Manifest. xml中定义。

通过解析各种 Intent，从一个屏幕导航到另一个屏幕是很简单的。当向前导航时，Activity 将会调用 start Activity（Intent my Intent）方法。然后，系统会在所有安装的应用程序内定义的 intent-filter 中查找，找到最匹配 my Intent 的 Intent 对应的 Activity。新的 Activity 接收到 my Intent 的通知后，开始运行。当 start Activity 方法被调用将触发解析 my Intent 的动作，这个机制提供两个关键好处：① Activities 能够重复利用从其他组件中以 Intent 的形式产生的请求；② Activities 可以在任何时候被一个具有相同 intent-filter 的新的 Activity 取代。

二、Intent Receiver

当希望应用能够对一个外部事件（如当电话呼入时，或者数据网络可用时，或者到了晚上时）做出响应，可以使用 Intent Receiver。虽然 Intent Receiver 在感兴趣的事件发生时，会使用 Notification Manager 通知用户，但它并不能生成一个 UI。Intent Receiver 在 Android Manifest. xml 中注册，也可以在代码中使用 Context. registerReceiver( )进行注册。当一个 Intent Receiver 被触发时，不必请求调用 Intent Receiver，系统会在需要时启动应用。各种应用还可以通过使用 Context. broadcastIntent( )将它们自己的 Intent Receiver 广播给其他应用程序。

三、Service

Service 是一段长生命周期、没有用户界面的程序。比较好的一个例子就是正在从播放列表中播放歌曲的媒体播放器。在媒体播放器的应用中，应该会有多个 Activity，让使用者可以选择歌曲并播放歌曲。然而，音乐重放这一功能并没有对应的 Activity，因为使用者当然会认为在导航到其他屏幕时音乐应该还在播放。在这个例子中，媒体播放器这个 Activity 会使用 Context. startService( )来启动一个 Service，从而可以在后台保持音乐的播放。同时，系统也将保持这个 Service 一直执行，直到这个 Service 运行结束。另外，还可以通过使用 Context. bindService( )方法，连接到一个 Service 上（如果这个 Service 还没有运行将会启动它）。当连接到一个 Service 之后，还可以用 Service 提供的接口与它进行通信。拿媒体播放器这个例子来说，我们还可以进行暂停、重播等操作。

四、Content Provider

Android 系统应用程序能够将它们的数据保存到文件、SQL 数据库中，甚至是任何有效的设备中。当想将应用数据与其他应用共享时，Content Provider 将会很有用。一个 Content Provider 类实现了一组标准的方法，从而能够让其他应用保存或读取此 Content Provider 处理的各种数据类型。

对于 Android 开发平台的架构模型，谷歌官方已经用一个很简单的结构图清晰地进行了说明，简单来说，Android 开发平台就是 Linux ＋ Google 在其上开发的 Java 虚拟机和运行时"＋ Android SDK"构成。

§3.4 Android 开发环境的搭建

配置 Android 开发环境之前，首先需要了解 Android 开发对操作系统的要求。Android 开发可以使用 Windows XP，Windows Vista，Mac OS，Linux 等操作系统。首先是 Android 开发环境的搭建，Android 开发所需要的工具为"JDK ＋ Eclipse ＋ Android SDK ＋ ADT"。Android 开发所需软件的版本及其下载地址，如表 3－1 所示。

表 3－1 Android 开发所需软件的版本对应

Android SDK 版本	JDK 版本	Eclipse 版本	ADT 版本
Android 4.2.2 (SDK Tools r21.1.)	Java 1.6(或更高)	Eclipse Helios (Version 3.6.2)(或更高)	ADT 21.1.0 ADT 21.0.1
Android 4.2 (SDK Tools r20.0.3)	Java 1.6(或更高)	Eclipse Helios (Version 3.6.2)(或更高)	ADT 20.0.3
Android 4.1(SDK Tools r20.0.1)	Java 1.6(或更高)	Eclipse Helios (Version 3.6.2)(或更高)	ADT 20.0.2
Android 4.0.3(SDK Tools r18)	Java 1.6(或更高)	Eclipse Helios (Version 3.6.2)(或更高)	ADT 18.0.0
Android 4.0.3(SDK Tools r17)	Java 1.6(或更高)	Eclipse Helios (Version 3.6.2)(或更高)	ADT 17.0.0
Android 4.0.3(SDK Tools r16)	Java 1.6(或更高)	Eclipse Helios (Version 3.6)(或更高)	ADT 16.0.0
Android 4.0(SDK Tools r15)	Java 1.6(或更高)	Eclipse 3.3 或 3.4	ADT 15.0.1
Android 3.0(SDK Tools r10)	Java 1.6(或更高)	Eclipse 3.3 或 3.4	. ADT 10.0.0
Android 2.3(SDK Tools r8)	Java 1.6(或更高)	Eclipse 3.3 或 3.4	ADT 8.0.0

一、JDK 的安装

JDK 的下载地址为 http://www.oracle.com/technetwork/java/javase/downloads/index.html，如图 3－5 所示。

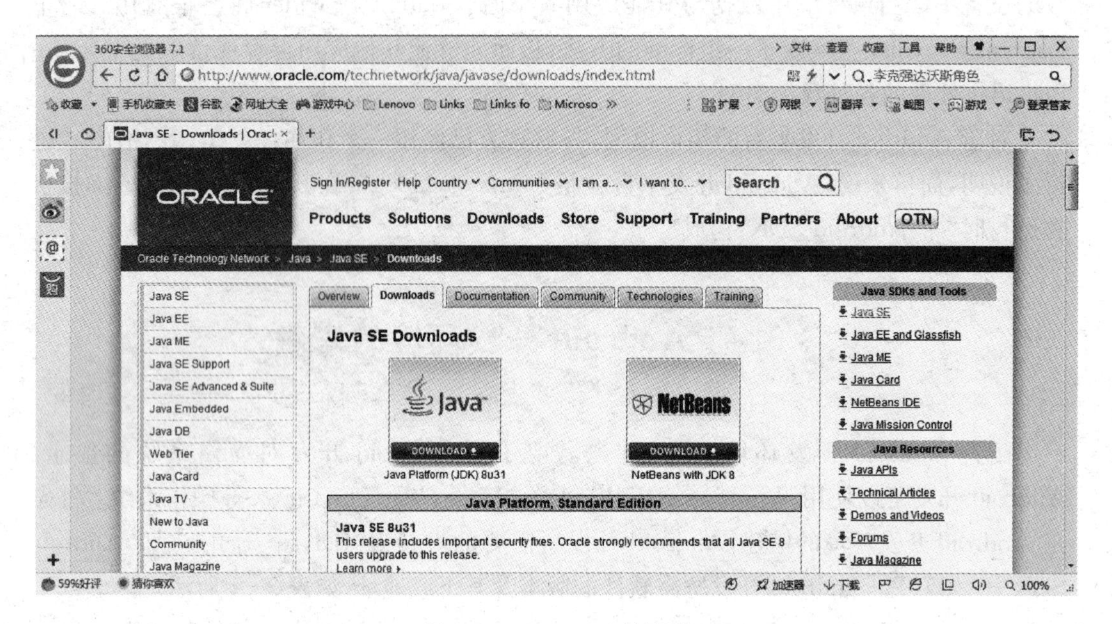

图 3－5　Java JDK 的下载

本书下载的版本为 jdk-7u3-windows－i586. exe（Windows 版本），安装如图 3－6 所示。

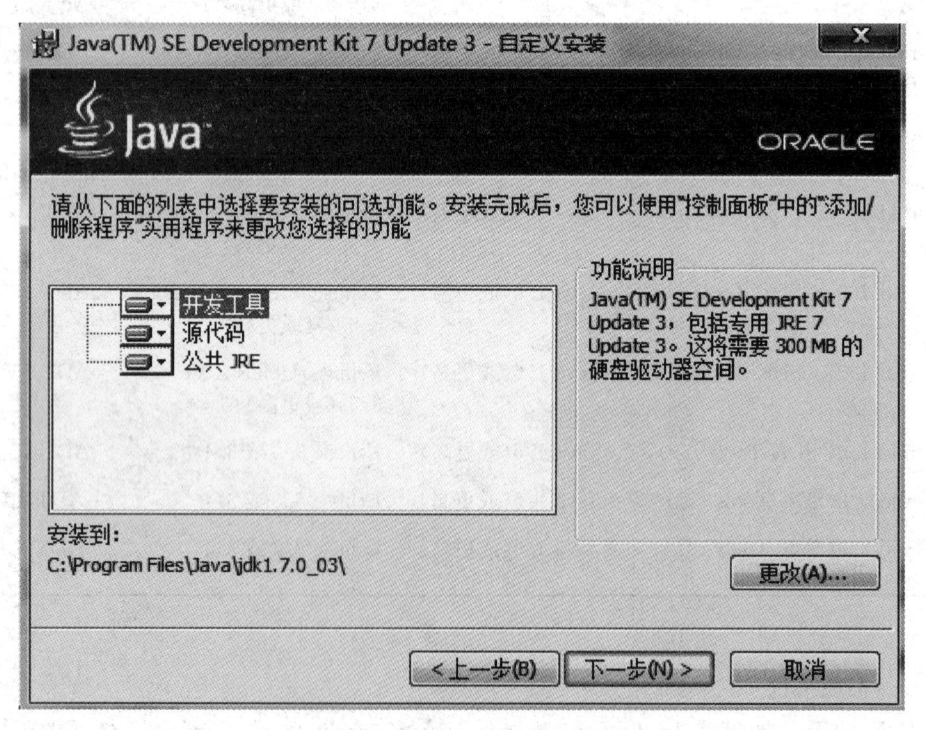

图 3－6　Java JDK 的安装

二、Eclipse

Eclipse 的下载地址为 http://www.eclipse.org/downloads/，如图 3－7 所示。

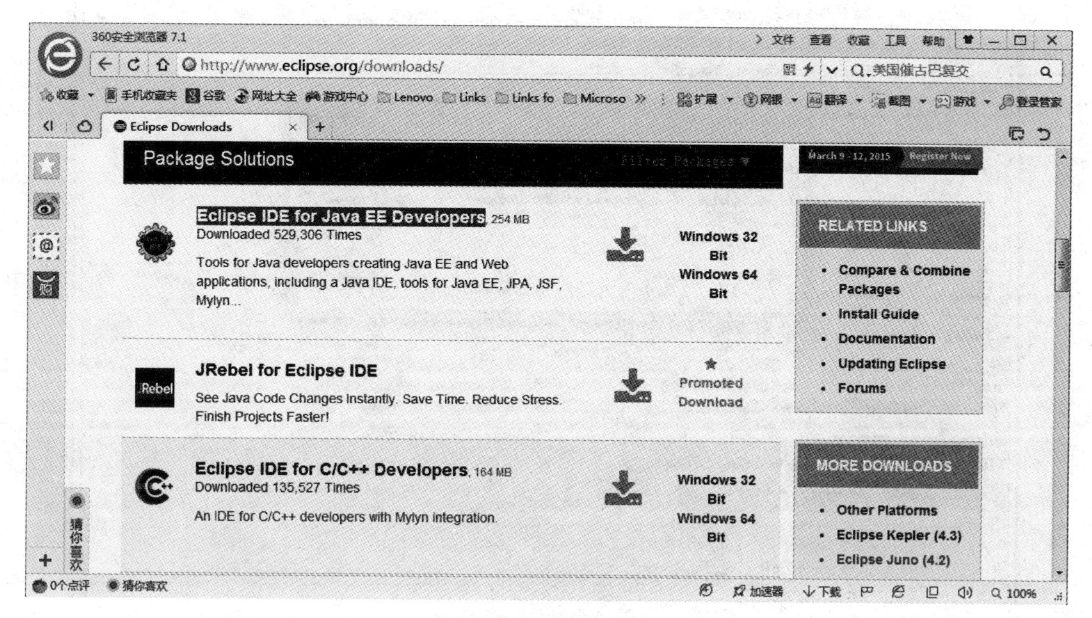

图 3－7　Eclipse 的下载

在下载页面中选择"Eclipse IDE for Java EE Developers"项，最新的文件名为"eclipse-jee-luna-SR1a-win32.zip"。

三、安装 Android ADT 插件

Android 开发工具插件(Android development tools，ADT)的安装方法如下：

(1) 启动 Eclipse，然后选择"Help"中的"Install new software"。

(2) 在出现的窗口中点击【Add】按钮，在出现的对话框中添加存储库，输入"ADT"的名称和位置为 https://dl-ssl.google.com/android/eclipse/，如图 3－8 所示。

四、Android SDK

输入地址 http://www.android.com/，点击"Android SDK"，选择"android-sdk_r22.6.2-windows.zip"下载 SDK，生成 android-sdk-windows 文件夹，点击"SDK Manager.exe"开始安装，如图 3－9 所示。

五、Eclipse 中配置 Android SDK

Android SDK 下载完成以后，启动 Eclipse，点击菜单"Window→Preference"设置 Android SDK 目录，如图 3－10 所示。

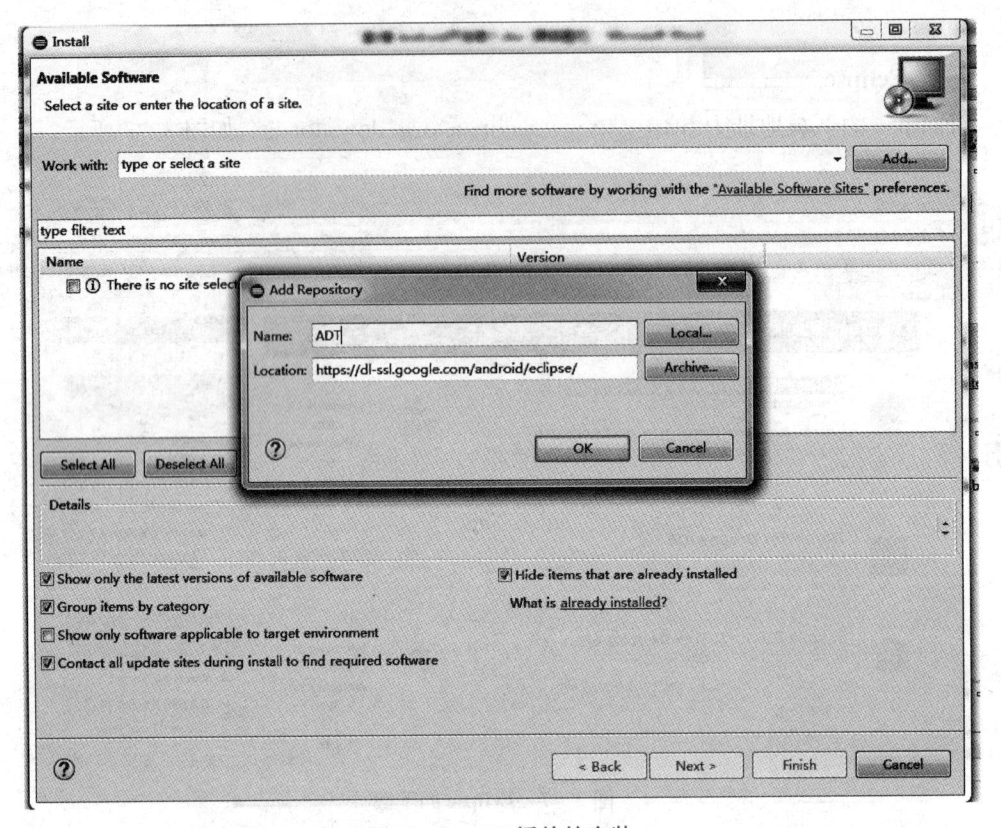

图 3 - 8　ADT 插件的安装

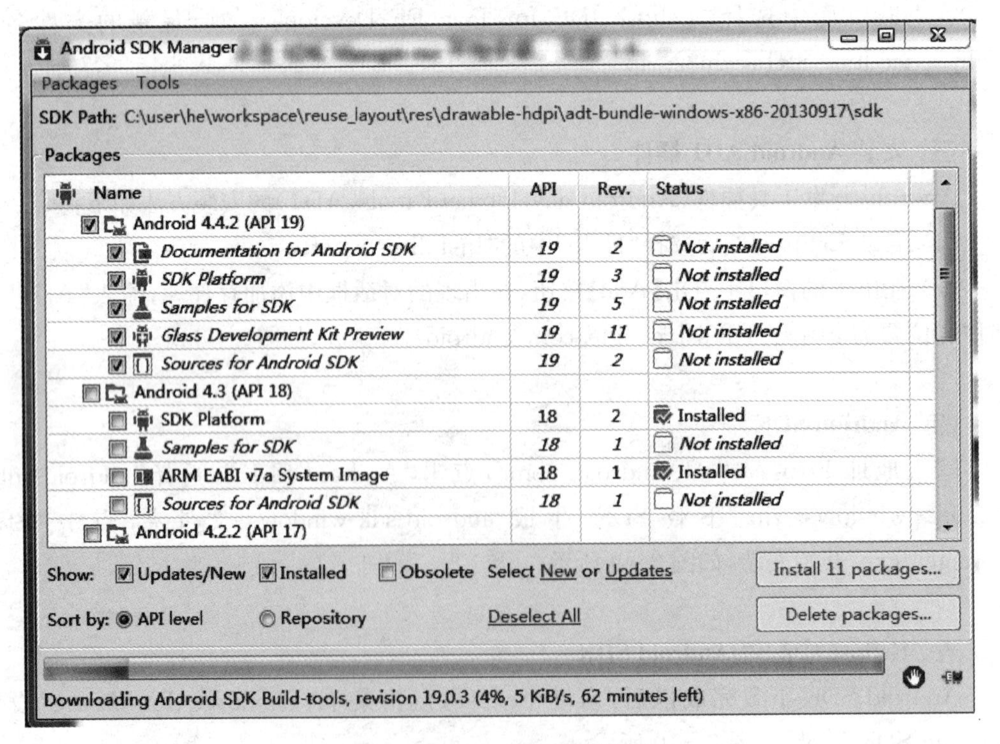

图 3 - 9　Android SDK 的安装

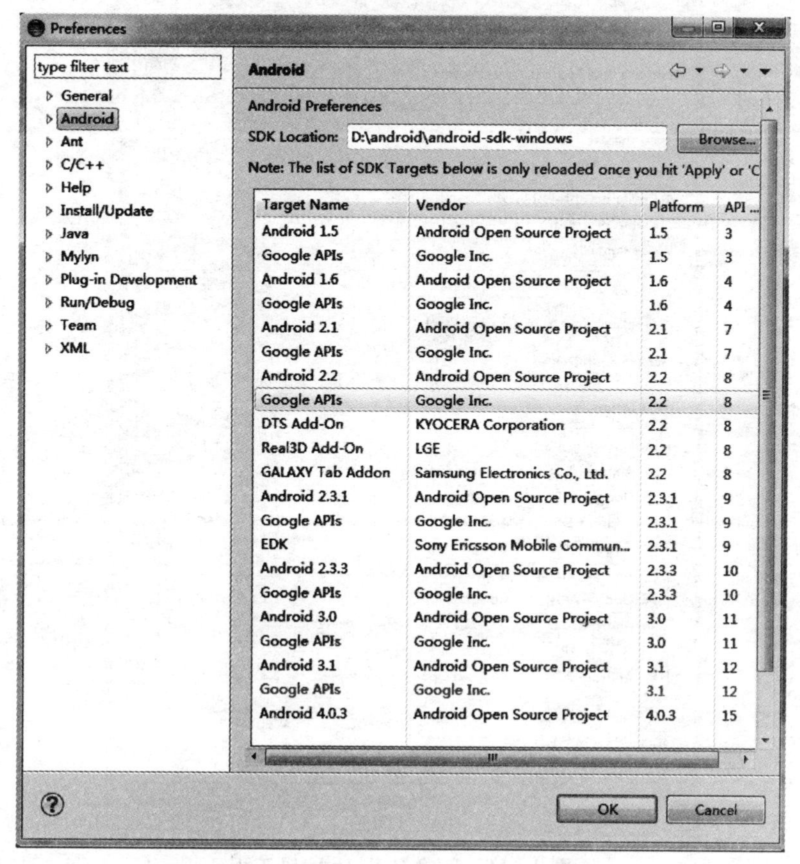

图 3 - 10　Eclipse 中 Android SDK 的配置

§3.5　创建第一个 Android 项目：HelloAndroid

ADT 提供了简单的生成 Android 应用框架的功能，现在来使用 ADT 通过 Eclipse 创建一个 Android 工程。

(1) 使用 Eclipse 开发工具，点击菜单“file→new→New Android Application”新建一个项目在弹出的对话框列表中；在“Project name”文本框中输入“HelloAndroid”，然后在“Target SDK”中选择“Android 2.2”，如图 3 - 11 所示。

(2) 选择“Next”，一直到完成建立。

(3) 建立虚拟设备，点击菜单“Window→Android Virtual Device Manager”，单击按钮【New】，建立新的虚拟设备，如图 3 - 12 所示。

(4) 启动应用程序“HelloAndroid”，如图 3 - 13 所示。

(5) 启动模拟器，运行应用程序。模拟器应用程序的图标和界面。分别如图 3 - 14 和图 3 - 15 所示。

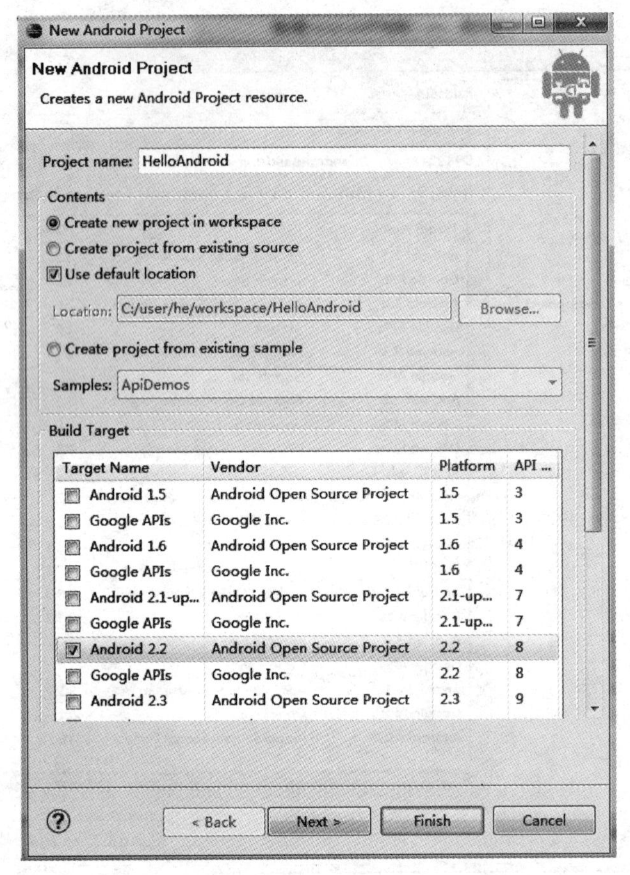

图 3-11　新建 HelloAndroid 工程

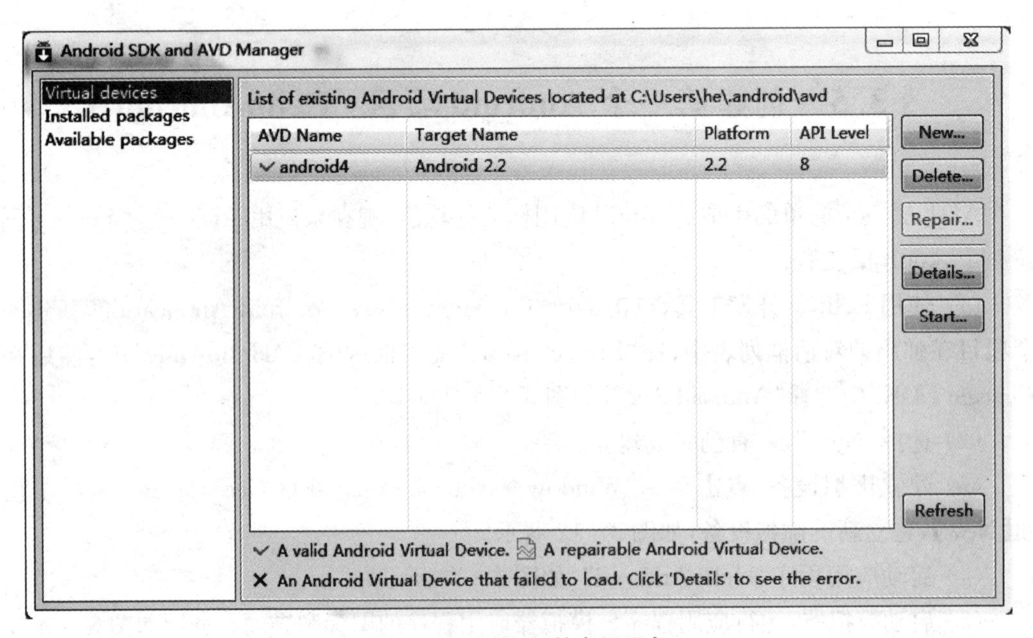

图 3-12　建立新的虚拟设备

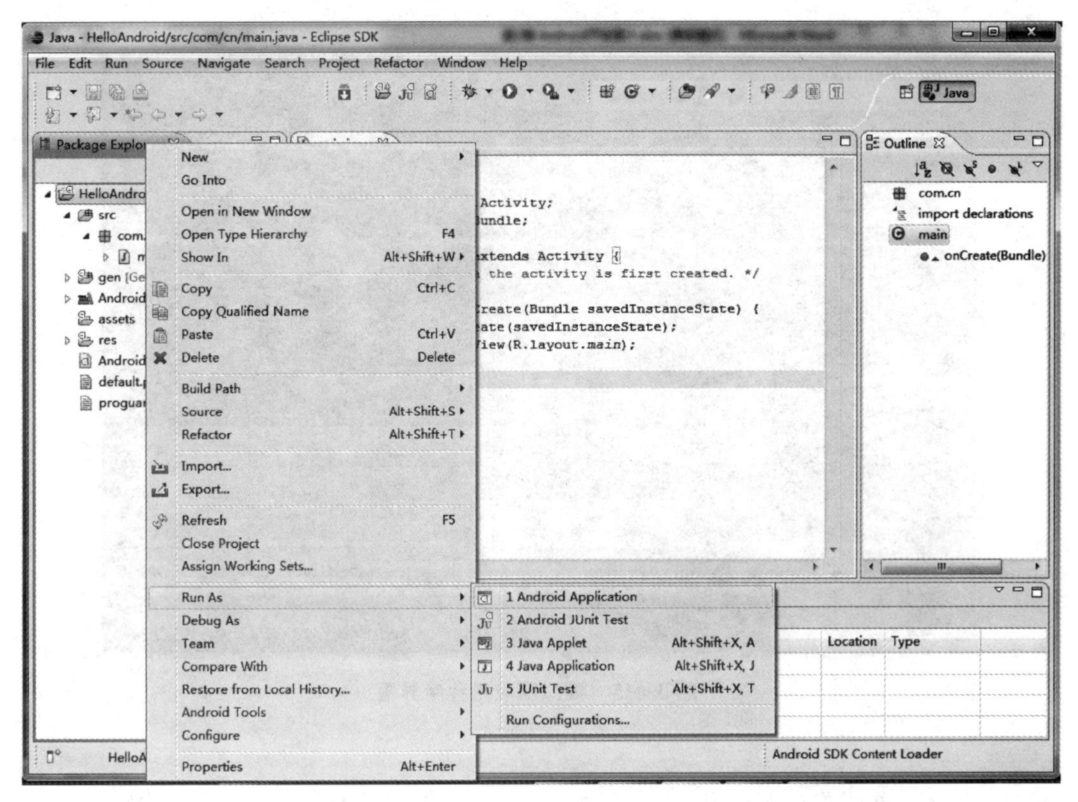

图 3-13　启动应用程序

图 3-14　模拟器应用程序图标

图 3-15 模拟器应用程序界面

本章小结

2014 年我国移动智能终端用户规模达 10.6 亿，较 2013 年增长 231.7%。Android 与 iOS 平台用户比例约为 7∶3。Android 在移动互联有广泛的应用，2014 年 12 月 Android 平台用户上排名前五的移动互联网应用，依次为 QQ、微信、手机淘宝、支付宝钱包、搜狗手机输入法。本章介绍 Android 的发展历程、发行版本、系统构架、应用程序框架和开发环境的搭建等。

第 4 章

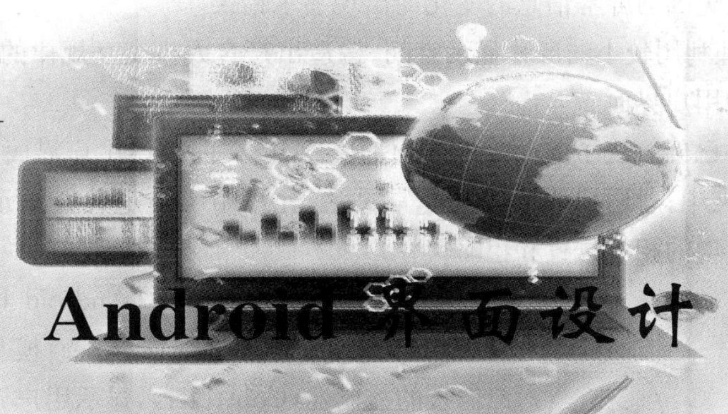

Android 界面设计

本章要点

通过对本章内容的学习，你应了解和掌握如下问题：

- Android 用户界面框架
- Android 的 Activity 的创建和使用
- Android 的 3 种典型布局
- Android 的样式和主题的使用

章首引语：每个 Android 客户端首先面对的就是界面的开发。Android 系统提供了丰富界面控件，Android 提供的用户图形界面成为 Activity。本章主要介绍基于 Activity 的用户界面的设计。

§4.1 用户界面基础

用户界面(user interface，UI)是系统和用户之间进行信息交换的媒介，设计用户界面需要解决的问题如下：

(1) 需要界面设计与程序逻辑完全分离，这样不仅有利于软件的并行开发，而且在后期修改界面时不用修改程序的逻辑代码。

(2) 根据不同型号手机的屏幕解析度、尺寸和纵横比各不相同，自动调整界面上控件的位置和尺寸，避免因为屏幕信息的变化而出现显示错误。

(3) 能够合理利用较小的屏幕显示空间，构造出符合人机交互规律的用户界面，避免出现凌乱、拥挤的用户界面。

(4) Android已经解决了前两个问题，使用 XML 文件描述用户界面；资源文件独立保存在资源文件夹中；对用户界面描述非常灵活，允许不明确定义界面元素的位置和尺寸，仅声明界面元素的相对位置和粗略尺寸。

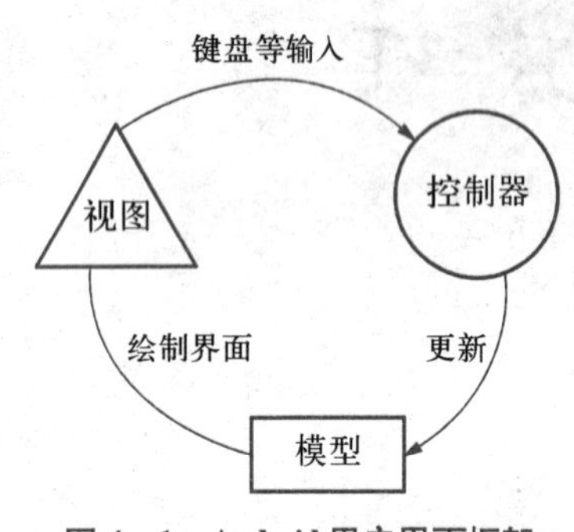

图 4-1 Android 用户界面框架

Android用户界面框架(Android UI Framework)采用 MVC(Model-View-Controler)模型，提供处理用户输入的控制器(Controler)，显示用户界面和图像的视图(View)，以及保存数据和代码的模型(Model)，如图 4-1所示。

控制器使用对立队列处理外部动作，每个外部动作作为一个对应的事件加入队列中，然后 Android 用户界面框架按照“先进先出”的规则从队列获取事件，并将这个事件分配给所对应的事件处理函数。

Android 用户界面框架中的界面元素以一种树型结构组织在一起，称为视图树，Android 系统会依据视图树的结构从上至下绘制每一个界面元素。每个元素负责对自身的绘制。如果元素包含子元素，该元素会通知其下所有子元素进行绘制，如图 4-2 所示。

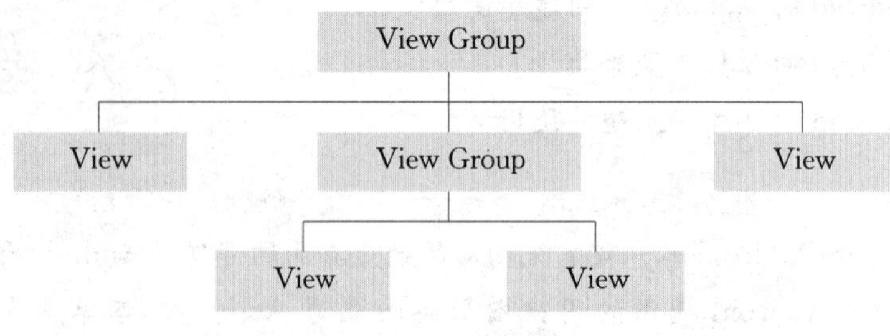

图 4-2 视图树

视图组件(ViewGroup)的作用就像是 View 的容器，负责对添加进 ViewGroup 的这些 View 进行布局，当然一个 ViewGroup 也可以加入另一个 ViewGroup 里。因为 ViewGroup 也是继承于 View. ViewGroup 类，在每个 ViewGroups 类中都会有一个嵌套类，这个嵌套类的属性中定义了子 View 的位置和大小。

视图组件 View 是在 Android 中 View 类，它为最基本的一个 UI 类，基本上所有的高级 UI 组件都由继承 View 类而实现，一个视图在屏幕上占据一块矩形区域，它负责渲染这块矩形区域。

Activity 代表显示给用户的窗口或屏幕，Android 中由 Activity 定义使用一个 View 和 ViewGroup 的树状节点，它要显示一个用户界面，就需要给 Activity 分配 View 或者布局 setContentView()方法。

§ 4.2 Android 的 Activity

Android 有 Activity、Service(服务)、Content Provider(内容提供者)和 BroadcastReceiver(广播接收器)四大组件。通过 Activity,用户可以与移动终端进行交互,使用 Android 应用程序做一些事情,如拨号、拍照、发送电子邮件或浏览地图等。在移动设备上,Activity 通常占据整个屏幕,但 Android 也支持部分屏幕或是浮动窗口。Activity 的英文解释为"活动的",它是用户与应用程序进行交互的接口,同时它也是一个"容器",在一个 Activity 中可以放置大量的控件,这些控件决定用户在该 Activity 中可以做什么,这也是 Activity 最关注的。

所有 Activity 都是从 Android 提供的类 Activity 继承而来,一个 Android 应用通常由多个 Activity 构成,不同 Activity 之间采用低耦合度设计,其中某个 Activity 可以称为应用的"主 Activity",作为在用户单击应用图标时显示的初始界面。然后,每个 Activity 都可以触发其他的 Activity 某种功能。每当一个新 Activity 启动后,之前的 Activity 将处于"停止"状态,但是 Android 系统会继续保留之前 Activity 的状态,这样就形成一个"Activity 栈"结构(称为"Back Stack")。新 Activity 启动后被 Android 系统堆放到"Activity 栈"的最前面,并且获取用户焦点(如响应按键、触摸事件等),这个"Activity 栈"采用"后进先出"的栈机制,因此当用户完成当前 Activity 功能后,单击"回退",当前 Activity 从"Activity 栈"退栈并被"销毁",之前的 Activity 变为当前 Activity 且恢复之前的状态。

当一个 Activity 由于有新的 Activity 启动转变为"停止"状态时,Android 系统将通过 Activity 的生命周期回调函数来通知该 Activity。根据 Activity 当前状态的不同,系统将触发 Activity 多个不同的生命周期回调函数,即创建、停止、恢复、销毁等。通过回调函数,可以为 Activity 的不同状态添加不同的处理方法。例如,当 Activity 停止时,可以释放某些系统资源(如网络、数据库连接等),而当恢复某个 Activity 时,可以重新获取这些系统资源。

4.2.1 创建一个 Activity

为了创建一个 Activity,必须从 Activity 或是 Activity 的某个子类派生一个新的 Activity 子类,在这个子类中,必须实现 Activity 生命周期中的几个回调函数,如 Activity 创建、恢复、停止及销毁时的回调方法。其中两个最重要的回调方法如下:

(1) onCreate()。Activity 必须实现这个方法,Android 系统在创建 Activity 时将调用该回调函数,为 Activity 中使用到的关键部件做初始化,最重要的是,此时可以调用 setContentView()为 Activity 设置用户界面布局。

(2) onPause()。Android 系统在用户将要离开 Activity 之前调用(尽管这不总是意味着该 Activity 将被销毁)。通常此时需要完成保存数据的工作,以便用户后面回到 Activity 以恢复之前的状态。

例如,在 Android 项目中,创建一个新的类、定义一个新的 Activity,代码如下:

```
import android.app.Activity;
import android.os.Bundle;
public class main extends Activity {
    /** Called when the Activity is first created. */
    @Override
    public void onCreate(Bundle savedInstanceState) {
        super.onCreate(savedInstanceState);
        setContentView(R.layout.main);
    }
}
```

4.2.2 声明一个 Activity

每个 Android 应用程序都是一个独立的 Android 项目,都有一个 AndroidManifest.xml 文件,是对这个项目中所包含组件和应用程序的配置说明。在创建项目时,Eclipse 集成开发工具会自动创建这个文件。将新定义的 Activity 相关参数写入 AndroidManifest.xml 文件的过程,称为 Activity 的声明。

Activity 只有在 AndroidManifest.xml 文件声明后,才能在应用程序调用时成功运行,系统才可以访问到它们。

要声明一个 Activity,可以打开项目根目录下的 AndroidManifest.xml 文件,添加一个<activity>元素作为<application>元素的子元素,代码如下:

```
<?xml version="1.0" encoding="utf-8"?>
<manifest xmlns:android="http://schemas.android.com/apk/res/android"
      package="com.cn"    android:versionCode="1"
      android:versionName="1.0">
    <application android:icon="@drawable/icon"
android:label="@string/app_name">
        <activity android:name=".main"
                  android:label="@string/app_name">
```

```
            <intent-filter>
                <action android: name = "android.intent.action.MAIN" />
                <category android: name = " android. intent. category.
LAUNCHER" />
            </intent-filter>
        </activity>
    </application>
    <uses-sdk android: minSdkVersion = "8" />
</manifest>
```

4.2.3 Activity 的生命周期

熟悉 javaEE 的朋友都了解 Servlet 技术，想要实现一个自己的 Servlet，需要继承相应的基类，并重写它的方法，这些方法会在合适的时间被 Servlet 容器调用。其实 Android 中的 Activity 运行机制与 Servlet 相似，Android 系统相当于 Servlet 容器，Activity 相当于一个 Servlet；Activity 处在这个容器中，一切创建实例、初始化、销毁实例等过程，都是容器来调用，这就是所谓的"Don't call me，I'll call you."机制。

Activity 典型的生命周期可见图 4－3 所示的流程图。在 Activity 的生命周期中共有 4 种状态：

(1) Active/Runing。一个新 Activity 启动入栈后，它显示在屏幕最前端，处理处于栈的最顶端（Activity 栈顶），此时它处于可见并可和用户交互的激活状态，这就是活动状态或运行状态（Active 或 Running）。

(2) Paused。当 Activity 失去焦点、被一个新的非全屏的 Activity 或者被一个透明的 Activity 放置在栈顶，此时的状态叫暂停状态（Paused）。此时它依然与窗口管理器保持连接，Activity 依然保持活力（如保持所有的状态、成员信息，并且和窗口管理器保持连接），但是在系统内存极端低下的时候将被强行终止。所以，暂停状态仍然可见，但已经失去焦点，故不可与用户进行交互。

(3) Stopped。如果一个 Activity 被另外的 Activity 完全覆盖，叫做停止状态（Stopped）。它依然保持所有状态和成员信息，但是不再可见，所以，它的窗口被隐藏，当系统内存需要被用在其他地方时，Stopped 的 Activity 将被强行终止。

(4) Killed。如果一个 Activity 是 Paused 或 Stopped 状态，Android 系统可以将该 Activity 从内存中删除，系统可以采用两种方式进行删除，如要求该 Activity 结束，又如直接终止它的进程。当该 Activity 再次显示给用户时，它必须重新开始和重置前面的状态。

Activity 的生命周期有 3 个关键的循环：

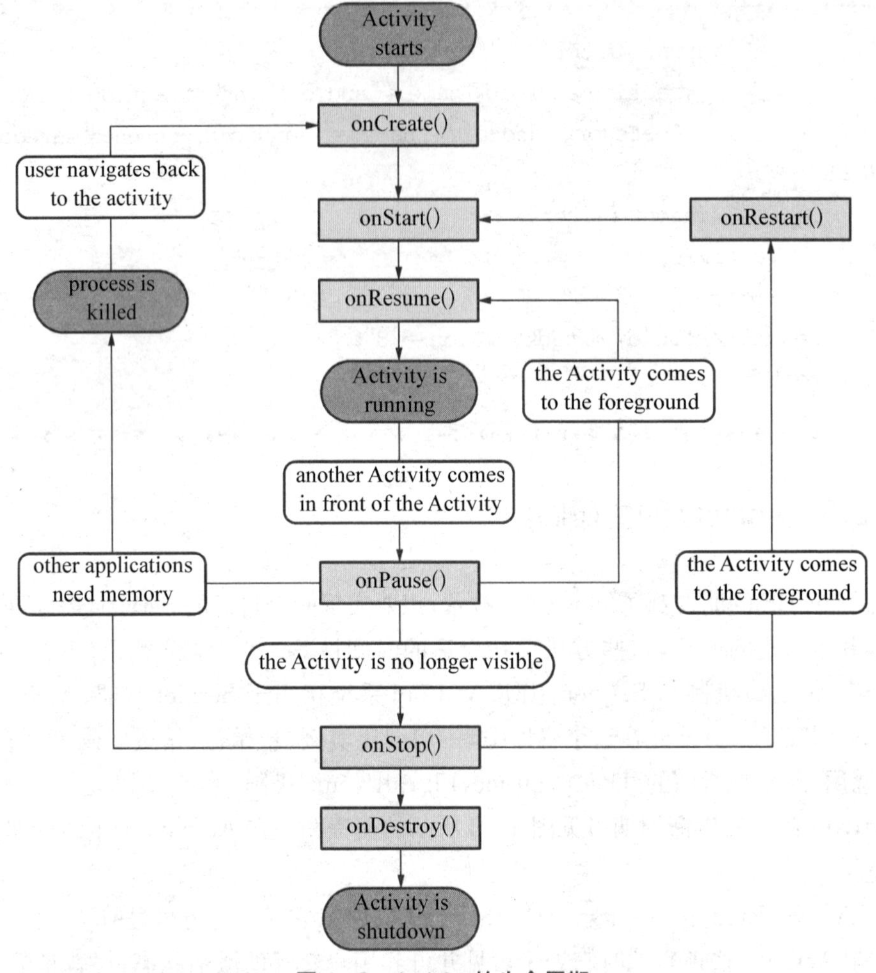

图 4-3　Activity 的生命周期

(1) 整个的生命周期从 onCreate(Bundle)开始,到 onDestroy()结束。Activity 在 onCreate()设置所有的“全局”状态,在 onDestory()释放所有的资源。例如,某个 Activity 有一个在后台运行的线程,用于从网络下载数据,则该 Activity 可以在 onCreate()中创建线程,在 onDestory()中停止线程。

(2) 可见的生命周期从 onStart()开始,到 onStop()结束。在这段时间,可以看到 Activity 在屏幕上,尽管有可能不在前台,不能和用户交互。在这两个接口之间,需要保持显示给用户的 UI 数据和资源等。例如,可以在 onStart()中注册一个 Intent Receiver 来监听数据变化导致 UI 的变动;当不再需要显示时,可以在 onStop()中注销它。onStart()和 onStop()可以被多次调用,因为 Activity 随时可以在可见和隐藏之间转换。

(3) 前台的生命周期从 onResume()开始,到 onPause()结束。在这段时间,该 Activity 处于所有 Activity 的最前面,和用户进行交互。Activity 可以经常性地在 Resumed 和 Paused 状态之间切换。如当设备准备休眠时,当一个 Activity 处理结果被分发时，当一个新的Intent被分发时，所以，在这些接口方法中的代码应该属于非常轻量级的。

Activity 整个生命周期的状态转换和动作都定义在 Activity 的接口方法中，所有方法都可以被重载。

Activity 的生命从 onCreate()开始，当能够看到这个 Activity 时，Activity 也迈出人生的第一步 onStart()，等它成长到可以进行交互时，也就进入人生最精彩的部分 onResume()。当我们把注意力转移到另外的 Activity 时，Activity 进入人生的黯淡期 onPause()，这时 Activity 有两种结果：一种是我们把注意力重新转移到它身上时，它也就获得新生 onRestart()；另外一种是我们不再关注这个 Activity，它从我们的视线中消失，这个 Activity 的人生也就停止为 onStop()，最后，执行 onDestroy()来结束 Activity 匆匆的一生。Activity 的人生所经历的过程如下：onCreate，onStart，onResume，onPause，onRestart，onStop，onDestroy。

4.2.4 任务和回退栈

一个应用通常有多个 Activity。每个 Activity 围绕一个特定的功能设计，用户可以操作它，并且可以启动其他的 Activity。例如：一个电子邮件应用可能有一个 Activity 去呈现新邮件列表，当用户选择了一封电子邮件，会打开一个新的 Activity 来呈现邮件的内容。

一个 Activity 可以启动另一个应用的 Activity。例如，如果想要发送 Email，可以定义一个 Intent 来执行一个发送操作，并且携带一些数据，如 Email 的地址和消息。一个其他应用的 Activity 需要声明可以处理这类 Intent。在上面的例子中，Intent 是要发送一封 Email，所以一个 Email 应用会启动(如果有多个 Activity 支持同一个 Intent，系统会让用户选择要使用哪一个)。当 Email 被发送出去，Activity 会恢复，故 Email Activity 就是应用的一部分。为了维护这种无缝的用户体验，尽管 Activity 可能来自不同的应用，Android 系统依然会将这些 Activity 都保存在同一个任务中。

一个任务就是用户为了执行特定工作而与之交互的 Activity 的集合，这些 Activity 会根据被打开的顺序被安放在一个栈(回退栈)中。

设备的主屏幕是大多数任务的启动场所。当用户触摸一个应用图标，该应用的任务就会来到前台。如果该应用当时没有任务，就会创建一个新任务，同时，主 Activity 就会作为这个栈中的根 Activity 而被打开。

当一个 Activity 启动另一个 Activity 时，这个新的 Activity 会被放到栈的顶端并且获得焦点。前一个 Activity 仍然保存在栈中，但已经被停止了。当一个 Activity 停止，系统会保存用户界面的当前状态。当用户按下【返回】按钮，当前的 Activity 被弹出栈(Activity 会被销毁)，并且恢复前一个 Activity(使用刚被保存的 UI 状态恢复)。在栈中的 Activity 只有弹出和压入两种操作：被当前 Activity 启动时压入，用户使用“返回”按钮离开时弹出，除此之外，栈中 Activity 的位置和顺序都不会发生变化。正因为如此，回退栈的操作符合“后进先出”的原则。图 4-4 演示了沿着时间线回退栈在不同时刻的进度。

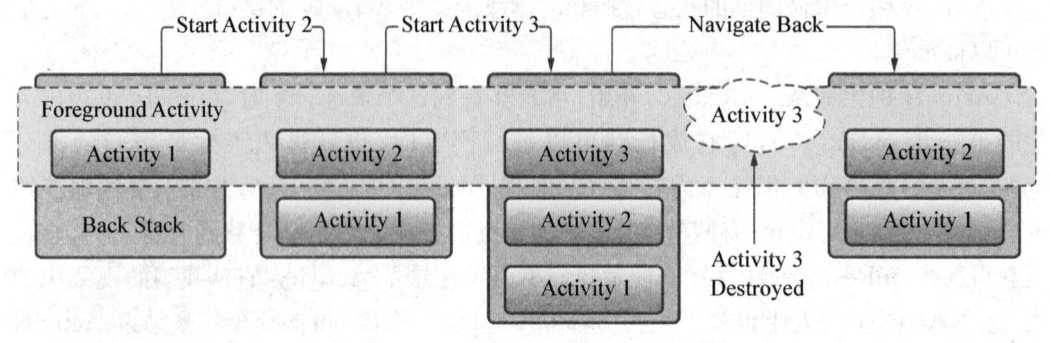

图 4-4　管理 Activity 的栈结构

如果用户继续按“返回”，那么在栈中所有的 Activity 都会被弹出，直到用户返回到主屏幕(或者返回到该任务开始的地方)。当所有的 Activity 都从栈中移除后，任务就不复存在了。

任务就是一个完整单元，当用户开始一项新任务或者回到主屏幕(通过主屏幕按钮)时，它会被移到后台。当任务进入后台，栈中所有的 Activity 都会停止，但是任务的回退栈会保持原封不动；当任务被另一个任务取代时，只会简单地失去焦点，如图 4-5 所示，任务可以重回到前台。例如，有 3 个 Activity 在当前任务(任务 A)的栈中，其中两个在当前 Activity 的下面。这时，用户按下[Home]键回到主屏幕，然后启动一个新的应用。当显示主屏幕时，任务 A 进入后台。当新应用启动时，系统为该应用启动了一个新任务(任务 B)。当用户与该应用交互完毕之后，重新回到主界面，并且选择任务 A 的应用。这时，任务 A 回到前台，栈中的 3 个 Activity 都原封未动，并且恢复在栈顶的 Activity。此时用户依然可以按下[Home]键返回主屏幕，选择任务 B 的应用图标来切换到任务 B(也可以通过最近使用应用列表启动)。这就是 Android 多任务的一个实例。

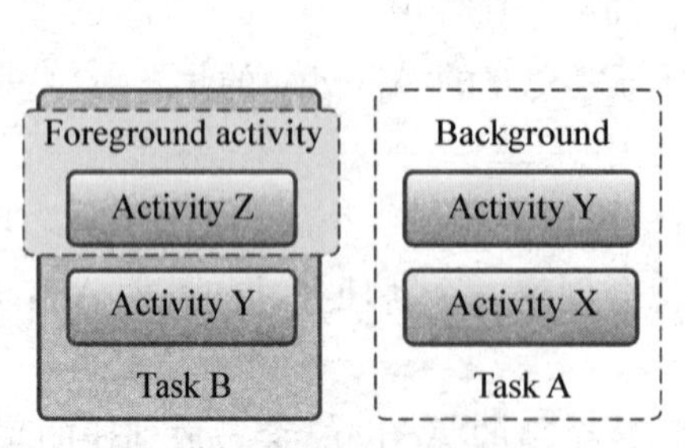

图 4-5　任务回退栈的变化

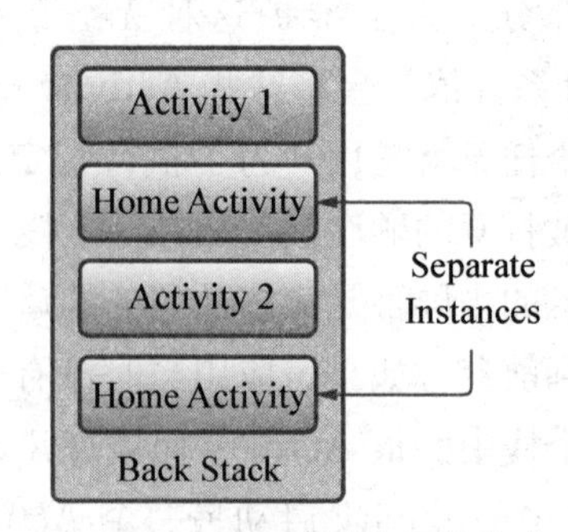

图 4-6　Activity 被实例化多次

因为在回退栈中的 Activity 从来不会被重排，如果应用允许用户从多个Activity启动一个特定的 Activity，那么会新创建该 Activity 的一个实例并把它放到栈顶。因此，在应用中一个 Activity 可能被实例化多次，如图 4-6 所示。用户使用回退键返回，那么每个

Activity的实例会按照被打开的反向顺序被显示。如果不想把一个 Activity 实例化多次，也可以修改这种行为。

§4.3 Android 布局

Activity 是 Android 应用程序与用户交互的图形界面，而 Activity 中的具体图形控件由 Android 定义的 View 类和 ViewGroup 类的子类对象构成，称为 View 和 ViewGroup 对象。这些对象在 Activity 中的排列结构，称为用户界面的布局。View 对象是 Android 平台上用户界面的基础单元，也可称为控件。Android 系统提供了许多类型的 View 和 ViewGroup，例如，TextView 和 Button 等类都是 View 类的子类。

其中 ViewGroup 对象可以理解为一种“容器”，类似于 Java 中的“Panel”，用于容纳其他的控件对象，并使这些控件对象按照特定的规则进行排列，即按照某种布局排列。Android 的布局 Layout 是 ViewGroup 的子类，能够提供各种不同的布局结构，如线性布局、相对布局和表格布局等。

Android 布局是应用界面开发的重要一环，在 Android 中共有 5 种布局方式，分别是线性布局（LinearLayout）、单帧布局（FrameLayout）、绝对布局（AbsoluteLayout）、相对布局（RelativeLayout）和表格布局（TableLayout）。

(1) 线性布局：可分为垂直布局（android：orientation＝"vertical"）和水平布局（android：orientation＝"horizontal" ）。在 LinearLayout 里可以放多个控件，但是一行（列）只能放一个控件。

(2) 框架布局：所有控件都放置在屏幕左上角(0,0)，可以放多个控件，但是会按控件定义的先后顺序依次覆盖，后一个会直接覆盖在前一个之上显示。如果后放的比之前的大，后放的会把之前的全部盖住(类似于一层层的纸张)。

(3) 绝对布局：可以直接指定子控件的绝对位置（如 android：layout_x＝"60px" android：layout_y＝"32px" ）。这种布局简单直接，但是由于手机的分辨率大小不同，绝对布局的适应性比较差。

(4) 相对布局：其子控件根据所设置的参照控件来进行布局，设置的参照控件可以是父控件，也可以是其他的子控件。

(5) 表格布局：是以行列的形式来管理子控件的，在表格布局中每一行可以是一个 View 控件，或者是一个 TableRow 控件，而且在 TableRow 控件中还可以添加子控件。

Android 利用这 5 种布局，可以在屏幕上将控件随心所欲地摆放，而且控件的大小和位置会随着屏幕大小的变化作出相应的调整。这 5 个布局在 View 的继承体系中的关系如图 4－7 所示。

目前主要使用这 5 种布局中的线性布局、相对布局和表格布局，而框架布局和绝对布局已经很少使用。

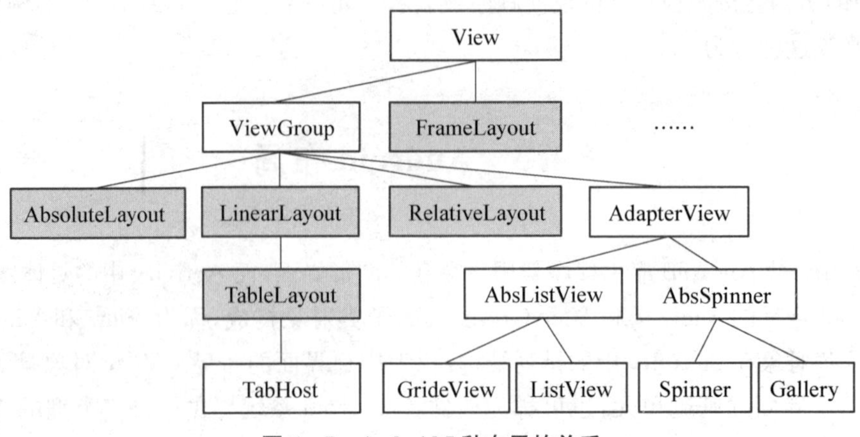

图 4-7　Android 5 种布局的关系

4.3.1　线性布局

线性布局是基础的、使用比较多的一种布局类型。线性布局根据设置的垂直或水平属性值，将所有子控件按垂直或水平进行组织排列。当布局设置为垂直时，布局里所有子控件被组织在同一列中；当布局设置为水平时，布局里所有子控件被组织在同一行中。设置线性布局方向的属性为 android: orientation，其值可以是“horizontal”或“vertical”，分别代表水平或垂直方向。

在线性布局中有 4 个非常重要的参数，将直接决定元素的布局和位置，这 4 个参数如下：

◆ android: layout_gravity，相对于它的父元素而言，说明元素显示在父元素的什么位置；

◆ android: gravity，相对于元素本身而言，元素本身的文本显示在什么地方，默认是在左侧；

◆ android: orientation，线性布局以列或行来显示内部子元素；

◆ android: layout_weight，线性布局内子元素对未占用空间（水平或垂直）分配权重值，其值越小，权重越大。

> 例如：
>
> button: android: layout_gravity，表示按钮在界面上的位置；
>
> android: gravity，表示 button 上的字在 button 上的位置。

说明：android: layout_gravity 和 android: gravity 这两个属性可选的值有：top，bottom，left，right，center_vertical，fill_vertical，center_horizontal，fill_horizontal，center，fill，clip_vertical，详细描述可参见表 4-1；这些属性可以多选，用“|”分开。这两个属性的

默认值是Gravity. Left。

表 4-1　线性布局的相关属性及描述

属性值	描述
top	将对象放在其容器的顶部，不改变其大小。
bottom	将对象放在其容器的底部，不改变其大小。
left	将对象放在其容器的左侧，不改变其大小。
right	将对象放在其容器的右侧，不改变其大小。
center_vertical	垂直对齐方式：垂直方向上居中对齐，将对象纵向居中，不改变其大小。
fill_vertical	垂直方向填充；必要时增加对象的纵向大小，以完全充满其容器。
center_horizontal	水平对齐方式：水平方向上居中对齐，将对象横向居中，不改变其大小。
fill_horizontal	水平方向填充；必要时增加对象的横向大小，以完全充满其容器。
center	将对象横纵居中，不改变其大小。
fill	必要时增加对象的横纵向大小，以完全充满其容器。
clip_vertical	垂直方向裁剪；附加选项用于按照容器的边来剪切对象的顶部和/或底部的内容；剪切基于其纵向对齐设置：顶部对齐时，剪切底部；底部对齐时，剪切顶部；除此之外，剪切顶部和底部。
clip_horizontal	水平方向裁剪；附加选项用于按照容器的边来剪切对象的左侧和/或右侧的内容；剪切基于其横向对齐设置：左侧对齐时，剪切右侧；右侧对齐时，剪切左侧；除此之外，剪切左侧和右侧。

图 4-8 是采用线性布局(水平布置)显示的效果。

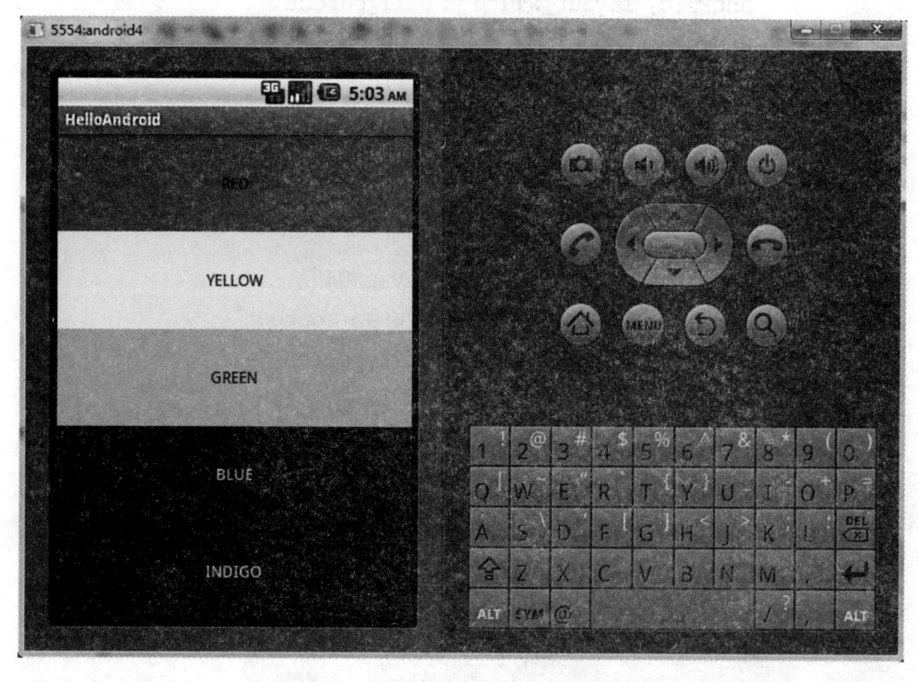

图 4-8　线性布局(水平布置)的显示

要实现这个界面，需要修改下面的两个文件。

(1)布局文件 main.xml，存放在/res/layout 目录下。

代码布局文件 main.xml 的内容如下：

```
<? xml version = "1.0" encoding = "utf-8"? >
<LinearLayout xmlns: android = "http://schemas.android.com/apk/res/android"
    android: orientation = "vertical"
    android: layout_width = "fill_parent"
    android: layout_height = "fill_parent"
    >
  <TextView android: text = "RED"
            android: id = "@ + id/TextView01"
            android: layout_height = "wrap_content"
            android: background = "#f00"
            android: layout_width = "fill_parent"
            android: layout_weight = ".20"
            android: gravity = "center"
            android: textColor = "#000">
   </TextView>
   <TextView android: text = "YELLOW"
            android: id = "@ + id/TextView03"
            android: layout_height = "wrap_content"
            android: layout_width = "fill_parent"
            android: layout_weight = ".20"
            android: background = "#ffff00"
            android: gravity = "center"
            android: textColor = "#000">
   </TextView>
   <TextView android: text = "GREEN"
            android: id = "@ + id/TextView04"
            android: layout_height = "wrap_content"
            android: layout_width = "fill_parent"
            android: layout_weight = ".20"
            android: background = "#0f0"
            android: gravity = "center"
            android: textColor = "#000">
   </TextView>
   <TextView android: text = "BLUE"
            android: id = "@ + id/TextView05"
```

```
                android: layout_height = "wrap_content"
                android: layout_width = "fill_parent"
                android: layout_weight = ".20"
                android: background = "#00f"
                android: gravity = "center"
                android: textColor = "#fff">
    </TextView>
    <TextView android: text = "INDIGO"
                android: id = "@+id/TextView06"
                android: layout_height = "wrap_content"
                android: layout_width = "fill_parent"
                android: layout_weight = ".20"
                android: background = "#4b0082"
                android: gravity = "center"
                android: textColor = "#fff">
    </TextView>
</LinearLayout>
```

(2) 修改 AndroidManifest.xml 文件,增加 Activity 的声明。

4.3.2 相对布局

相对布局控件的位置是按照相对位置来计算的,后一个控件在什么位置,依赖于前一个控件的基本位置,是最常用也是最灵活的一种布局。可以使用右对齐、上下或置于屏幕中央等形式来排列元素。布局中的控件按顺序排列,如果第一个元素在屏幕的中央,那么相对于这个元素的其他元素将以屏幕中央的相对位置来排列。如果使用 XML 布局文件来定义这种布局,之前被关联的元素必须定义。

相对布局的相关属性可参见表 4-2。

表 4-2 相对布局的相关属性及描述

属　性	描　述
android: layout_above	将该控件的底部置于给定 ID 的控件之上
android: layout_below	将该控件的底部置于给定 ID 的控件之下
android: layout_toLeftOf	将该控件的右边缘与给定 ID 的控件左边缘对齐
android: layout_toRightOf	将该控件的左边缘与给定 ID 的控件右边缘对齐
android: layout_alignBaseline	将该控件的 Baseline 与给定 ID 的 Baseline 对齐
android: layout_alignTop	将该控件的顶部边缘与给定 ID 的顶部边缘对齐

续 表

属　　性	描　　述
android：layout_alignBottom	将该控件的底部边缘与给定ID的底部边缘对齐
android：layout_alignLeft	将该控件的左边缘与给定ID的左边缘对齐
android：layout_alignRight	将该控件的右边缘与给定ID的右边缘对齐
android：layout_alignParentTop	如果为“true”,将该控件的顶部与其父控件的顶部对齐
android：layout_alignParentBottom	如果为“true”,将该控件的底部与其父控件的底部对齐
android：layout_alignParentLeft	如果为“true”,将该控件的左部与其父控件的左部对齐
android：layout_alignParentRight	如果为“true”,将该控件的右部与其父控件的右部对齐
android：layout_centerHorizontal	如果为“true”,将该控件置于水平居中
android：layout_centerVertical	如果为“true”,将该控件置于垂直居中
android：layout_centerInParent	如果为“true”,将该控件置于父控件的中央
android：layout_marginTop	上偏移的值
android：layout_marginBottom	下偏移的值
android：layout_marginLeft	左偏移的值
android：layout_marginRight	右偏移的值

图 4 - 9 是采用相对布局显示的效果。

图 4 - 9　相对布局的显示

要实现这个界面,需要修改下面的两个文件。

(1) 布局文件 main. xml,存放在/res/layout 目录下。

代码布局文件 main. xml 的内容如下：

```
<? xml version = "1.0" encoding = "utf-8"? >
<RelativeLayout xmlns: android = "http://schemas.android.com/apk/res/android"
    xmlns: tools = "http://schemas.android.com/tools"
    android: layout_width = "match_parent"
    android: layout_height = "match_parent"
    android: layout_margin = "20dp"
    tools: context = ".main"
    >
   <TextView
        android: id = "@ + id/Txttitle"
        android: layout_width = "wrap_content"
        android: layout_height = "wrap_content"
        android: layout_alignParentLeft = "true"
        android: gravity = "center_horizontal"
        android: layout_alignParentRight = "true"
        android: text = "登录界面"/>
    <EditText
        android: id = "@ + id/username"
        android: layout_width = "wrap_content"
        android: layout_height = "wrap_content"
        android: layout_alignLeft = "@id/Txttitle"
        android: layout_alignRight = "@id/Txttitle"
        android: layout_below = "@id/Txttitle"
        android: layout_marginTop = "20dp"
        android: hint = "username"/>
    <EditText
        android: id = "@ + id/password"
        android: layout_width = "wrap_content"
        android: layout_height = "wrap_content"
        android: layout_below = "@id/username"
        android: layout_alignLeft = "@id/username"
        android: layout_alignRight = "@id/username"
        android: layout_marginTop = "20dp"
        android: hint = "password"
        android: inputType = "textCapWords"/>
</RelativeLayout>
```

(2) 修改 AndroidManifest.xml 文件,增加 Activity 的声明。

4.3.3 表格布局

表格布局把用户界面按表格形式划为行和列,然后把控件分配到指定的行或列中,一个表格布局由许多的 TableRow 组成,每个 TableRow 定义一行 Row。表格布局容器不会显示行、列或单元格 Cell 的边框线。每行可有 0 个或多个 Cell;每个 Cell 能容纳一个 View 对象。表格允许 Cell 为空,但 Cell 不能跨列。

总体上,表格布局的属性与 html 中 Table 标签的属性相差不多。表格布局可设置的属性包括全局属性及单元格属性两种。

(1) 全局属性即列属性,有以下 3 个参数:

◆ android:stretchColumns,设置可伸展的列;该列可以向行方向伸展,最多可占据一整行。

◆ android:shrinkColumns,设置可收缩的列;当该列子控件的内容太多、已经挤满所在行时,该子控件的内容将往列方向显示。

◆ android:collapseColumns,设置要隐藏的列。

例如:

android:stretchColumns = "0",表示第 0 列可伸展;
android:shrinkColumns = "1,2",表示第 1,2 列皆可收缩;
android:collapseColumns = " * ",表示隐藏所有行。

说明:列可以同时具备 stretchColumns 及 shrinkColumns 属性;同时具备这两种属性时,若该列的内容很多,将"多行"显示其内容。(注意:这里不是真正的多行,而是系统根据需要自动调节该行的 layout_height。)

(2) 单元格属性,有以下两个参数:

◆ android:layout_column,指定该单元格在第几列显示;

◆ android:layout_span,指定该单元格占据的列数(未指定时,为 1)。

例如:

android:layout_column = "1",表示该控件显示在第 1 列;
android:layout_span = "2",表示该控件占据两列。

说明:一个控件也可以同时具备这两个特性。

图 4-10 是采用表格布局显示的效果。

要实现这个界面,需要修改下面的两个文件。

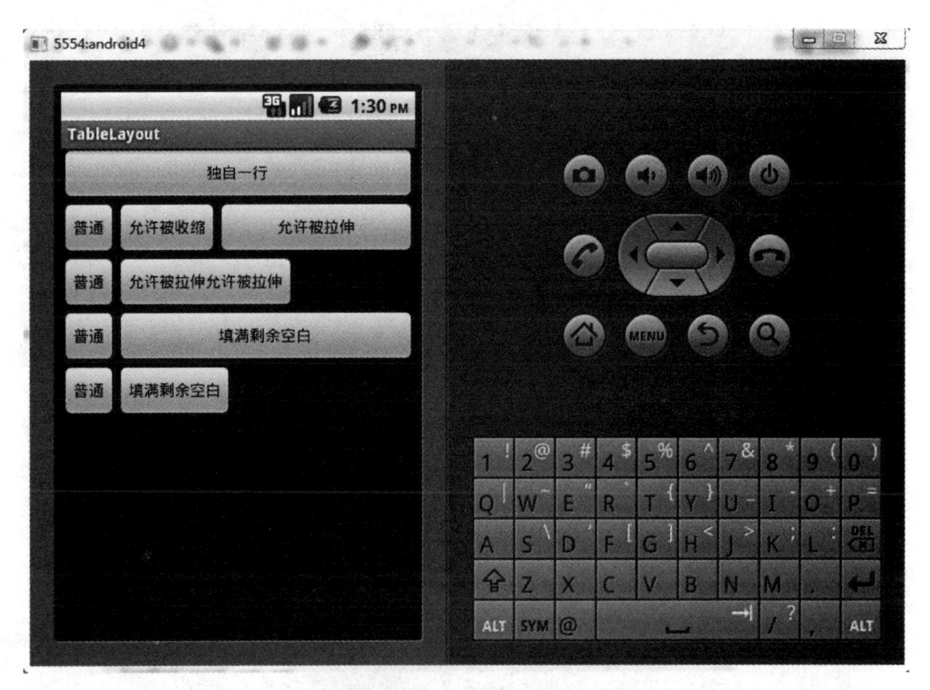

图 4-10　表格布局的显示

(1) 布局文件 main. xml，存放在/res/layout 目录下。

代码布局文件 main. xml 的内容如下：

```
<? xml version = "1.0" encoding = "utf-8"? >
<LinearLayout xmlns: android = "http://schemas.android.com/apk/res/android"
    android: orientation = "vertical"
    android: layout_width = "fill_parent"
    android: layout_height = "fill_parent"
    >
   <TableLayout
        android: id = "@ + id/tablelayout01"
        android: layout_width = "match_parent"
        android: layout_height = "wrap_content"
        android: shrinkColumns = "1"
        android: stretchColumns = "2" >
        <! -- 直接添加按钮，自己占用一行 -->
        <Button
           android: id = "@ + id/btn01"
           android: layout_width = "wrap_content"
           android: layout_height = "wrap_content"
           android: text = "独自一行" >
```

```
    </Button>
     <TableRow>
        <Button
          android:id="@+id/btn02"
          android:layout_width="wrap_content"
          android:layout_height="wrap_content"
          android:text="普通">
        </Button>
        <Button
          android:id="@+id/btn03"
          android:layout_width="wrap_content"
          android:layout_height="wrap_content"
          android:text="允许被收缩">
        </Button>
        <Button
          android:id="@+id/btn04"
          android:layout_width="wrap_content"
          android:layout_height="wrap_content"
          android:text="允许被拉伸">
        </Button>
    </TableRow>
</TableLayout>
<!-- 定义第2个表格,指定第2列隐藏 -->
<TableLayout
    android:id="@+id/tablelayout02"
    android:layout_width="match_parent"
    android:layout_height="wrap_content"
    android:collapseColumns="1">
    <TableRow>
      <Button
         android:id="@+id/btn05"
         android:layout_width="wrap_content"
         android:layout_height="wrap_content"
         android:text="普通">
      </Button>
      <Button
         android:id="@+id/btn06"
         android:layout_width="wrap_content"
         android:layout_height="wrap_content"
         android:text="被隐藏列">
```

```
        </Button>
        <Button
          android:id="@+id/btn07"
          android:layout_width="wrap_content"
          android:layout_height="wrap_content"
          android:text="允许被拉伸允许被拉伸">
        </Button>
      </TableRow>
    </TableLayout>
    <!-- 定义第3个表格,指定第2列填满空白 -->
    <TableLayout
      android:id="@+id/tablelayout03"
      android:layout_width="match_parent"
      android:layout_height="wrap_content"
      android:stretchColumns="1">
      <TableRow>
        <Button
          android:id="@+id/btn08"
          android:layout_width="wrap_content"
          android:layout_height="wrap_content"
          android:text="普通">
        </Button>
        <Button
          android:id="@+id/btn09"
          android:layout_width="wrap_content"
          android:layout_height="wrap_content"
          android:text="填满剩余空白">
        </Button>
      </TableRow>
    </TableLayout>
    <!-- 定义第3个表格,指定第2列横跨2列 -->
    <TableLayout
      android:id="@+id/tablelayout04"
      android:layout_width="match_parent"
      android:layout_height="wrap_content">
      <TableRow>
        <Button
          android:id="@+id/btn10"
          android:layout_width="wrap_content"
          android:layout_height="wrap_content"
```

```
            android: text = "普通" >
        </Button>
        <Button
            android: id = "@ + id/btn11"
            android: layout_width = "wrap_content"
            android: layout_height = "wrap_content"
            android: layout_column = "2"
            android: text = "填满剩余空白" >
        </Button>
      </TableRow>
    </TableLayout>
</LinearLayout>
```

（2）修改 AndroidManifest. xml 文件，增加 Activity 的声明。

4.3.4　使用布局

Android 的用户界面布局是在 XML 文件中静态记载，在 Android 的 Java 程序中动态加载的。当编译 Android 应用程序时，每一个 XML 布局文件被编译成 View 视图资源，应用程序代码在 Activity. onCreate( )回调中实现布局资源的加载，通过调用 setContentView()传递给它的形式引用到布局资源 R. layout. layout_file_name。

例如，如果 XML 布局文件保存在 main. xml，实现 Activity 加载的代码如下：

```
public class main extends Activity {
    /** Called when the activity is first created. */
    @Override
    public void onCreate(Bundle savedInstanceState) {
        super. onCreate(savedInstanceState);
        setContentView(R. layout. main);
    }
}
```

在 Android 的开发中，布局文件可以很方便地对各个 UI 控件进行位置安排和属性设置，而在程序中可以直接取得控件并赋予对应的操作功能。但是，对于一个复杂的界面设计，如果把所有布局都放在一个文件中来描述，那么这个文件会显得比较臃肿、结构也变得无法清晰。为此，Android 提供了能够将几个不同的布局文件整合在一起的功能，这就是重用布局(Include)，即包括多个布局。下面用一个例子来具体说明如何使用重用布局。

首先新建一个布局文件 titlebar. xml，内容如下：

```
<FrameLayout
  xmlns: android = "http://schemas.android.com/apk/res/android"
  android: layout_width = "wrap_content"
  android: layout_height = "240dp">
  <ImageView android: layout_width = "wrap_content"
             android: layout_height = "wrap_content"
             android: src = "@drawable/a"
             />
</FrameLayout>
```

然后修改布局文件 main. xml，内容如下：

```
<? xml version = "1.0" encoding = "utf-8"? >
<LinearLayout xmlns: android = "http://schemas.android.com/apk/res/android"
    android: orientation = "vertical"
    android: layout_width = "fill_parent"
    android: layout_height = "fill_parent"
    >
<include layout = "@layout/titlebar"  />
<ImageView android: layout_width = "fill_parent"
           android: layout_height = "240dp"
           android: src = "@drawable/b"
                         />
</LinearLayout>
```

在模拟器的运行结果如图 4 - 11 所示。

当一个布局包含另外一个布局时，<merge/>标签可以帮助在视图层次中消除多余的视图组。当主布局是一个垂直结构的线性布局，包含两个连续的能被其他布局重用的视图，被放置在布局中的两个可重用的视图都需要各自的根视图，使用另外一个线性布局来充当可重用视图的根视图时，会导致一个垂直结构的线性布局嵌套在另外一个垂直结构的线性布局中，嵌套的线性布局除了减慢 UI 渲染速度以外没有任何的实际作用。为了避免这种情况的发生，可以使用<merge/>标签来作为可重用布局组件的根视图。

布局文件 titlebar. xml 的内容可修改如下：

图 4-11　重用布局的显示

```
<merge xmlns: android = "http://schemas.android.com/apk/res/android">
   <Button
      android: layout_width = "fill_parent"
      android: layout_height = "wrap_content"
      android: text = "@string/add">
   <Button
      android: layout_width = "fill_parent"
      android: layout_height = "wrap_content"
      android: text = "@string/delete">
</merge>
```

同样,使用<include/>标签添加进布局中,这样 Android 系统并不会理会<merge/>标签,而是直接把两个 Button 放置在布局中,避免了不必要的嵌套。另外需要注意的是,<merge/>只可以作为布局的根节点,当需要包含其他布局组件的布局本身以<merge/>为根节点时,需要将被导入的 xml layout 置于 ViewGroup 中,同时需要设置 attachToRoot 为"True"。

§4.4　样式和主题

样式(style)是用于指定 View 或 Window 外观和格式一系列属性的集合,可以指定如高度(height)、填补(padding)、字体颜色、字体大小、背景颜色等属性。Android中的样式与网页设计中的层叠样式表(CSS)有着相似的原理,允许将部分设计分离出来。

例如,通过使用一个样式,可以将下面这个布局XML:

```
<TextView
  android:layout_width="fill_parent"
  android:layout_height="wrap_content"
  android:textColor="#00FF00"
  android:typeface="monospace"
  android:text="@string/hello" />
```

也可以转换如下:

```
<TextView
  style="@style/CodeFont"
  android:text="@string/hello" />
```

所有这些与风格相关的属性被从布局XML中移走,放入一个叫"CodeFont"的风格定义中,然后通过样式属性应用。

主题(theme)是一个应用于整个Activity或整个应用程序的样式,而不是某一个单独的View。当一个样式被当作一个主题来应用时,此Activity或应用程序中的每个View都将会应用其所能支持的每个样式属性。例如,可以将CodeFont样式作为主题应用在一个Activity上,那么此Activity中所有文本都将是绿色等宽字体。

4.4.1 定义样式

要创建一套样式,需要保存一个XML文件到工程的res/values/目录下。此XML文件的名称可以随意,但必须使用.xml作为扩展名,且必须保存在res/values/文件夹中。另外,此XML文件的根节点必须是<resources>。

对每个要创建的样式,添加一个<style>元素到XML文件中,其拥有一个name,用来唯一标识此样式(name是必须的)。然后为此样式中的每个属性添加一个<item>元素,分别有一个name和一个值。<item>的值可以是一个关键字字符串、一个十六进制颜色、一个到其他资源类型的引用,或者是决定于具体样式属性的其他值。这里有一个具体的样式示例:

```
< xml version = "1.0" encoding = "utf-8" ? >
  <resources>
    <style name = "CodeFont" parent = "@android: style/TextAppearance.Medium">
      <item name = "android: layout_width">fill_parent</item>
      <item name = "android: layout_height">wrap_content</item>
      <item name = "android: textColor">#00FF00</item>
      <item name = "android: typeface">monospace</item>
    </style;>
  </resources>
```

每个<resources>元素的子节点在编译时都被转换为一个应用程序资源对象，其可以通过<style>元素的 name 属性值来引用。此示例中样式可以通过@style/CodeFont 在一个布局 XML 中引用。

<style>中的 parent 属性是可选的，用来指定另一个样式的资源 ID，前者继承后者的所有属性。也可以覆写继承来的样式属性。例如，可以继承 Android 平台的默认文本外观并作修改：

```
<style name = "GreenText" parent = "@android: style/TextAppearance">
  <item name = "android: textColor">#00FF00</item>
</style>
```

如果想继承自己定义的样式，就不必使用 parent 属性，而是将想通过继承创建的新样式的 name 前加上要继承的样式的 name，中间用一个点分隔。例如，创建一个继承自前面定义的 CodeFont 的样式，把颜色改为“红色”，可以编写新样式如下：

```
<style name = "CodeFont.Red">
  <item name = "android: textColor">#FF0000</item>
</style>
```

4.4.2 使用样式

定义一个样式之后，如果对一个 View 应用这个样式，而这个 View 并不支持此样式中设定的某些属性，那么此 View 将应用那些它支持的属性，并简单忽略那些不支持的属性。

在 Activity 或应用程序中有如下两种方式使用样式：

(1) 对于独立的 View，在布局文件 XML 中将样式属性添加到此 View 元素中。

(2) 对一个 Activity 或应用，在 AndroidMannifest. xml 文件中将 android：theme 属性添加到<activity>或<application>元素中。

如果当应用一个样式到布局中一个单独的 View 上，由此样式定义的属性会仅应用于那个 View。如果一个 style 应用到一个 ViewGroup 上，那么子 View 元素并不会继承应用此样式属性，而仅有直接应用样式的元素才会应用其属性。然而，可以通过将其作为主题来应用的方式，应用一个样式到所有 View 元素上。

为将一个样式作为一个主题来应用，必须在 Android manifest 中将其应用到一个 Activity 或应用程序，这样可使此 Activity 或应用程序中的每个 View 都将应用其所支持的属性。例如，如果应用前面示例中的 CodeFont 样式到一个 Activity，那么支持此文本样式属性的所有 View 元素都将应用它们，任何 View 所不支持的属性将被忽略。如果一个 View 仅支持某些属性，那么它就只应用那些属性。

下面给出在布局 XML 中为 View 设置样式的方法：

```
<TextView
  style = "@style/CodeFont"
  android: text = "@string/hello" />
```

在应用程序中所有 Activity 设置一个主题，打开 AndroidManifest. xml 文件并编辑<application>标签，使之包含 android：theme 属性和样式名称。例如：

```
<application android: theme = "@style/CustomTheme">
```

如果希望主题仅仅应用到应用程序中某个 Activity，那么就将 android：theme 属性添加到<activity>标签中。

本章小结

良好的布局对于 Android 程序设计很重要，本章学习 Android 布局相关的知识，包括 Android 用户界面框架、Android 的 Activity、Android 布局、样式和主题等。

第5章

创建 Android 应用程序

本章要点

通过对本章内容的学习，应掌握：

- 构成 Android 应用程序的4个组件及组件间的相互关系
- Android 应用程序的事件处理机制
- 应用程序消息处理机制中 Intent 和 BroadcastReceiver 组件的作用及使用方法
- Android 组件 Service 的作用及使用方法
- Android 实现多任务的方法

章首引语：Android 作为主流应用程序的平台一直备受关注，Android 应用程序是 Android 系统智能终端的主要构成部分，实现智能终端的多样性、多功能性。Android 应用程序由一些松散联系的组件构成，遵守着一个应用程序清单，这个清单描述每个组件以及它们如何交互，还包含应用程序的硬件和平台需求的元数据。

§5.1 Android 概 述

Android 应用程序包括程序代码和资源文件。开发 Android 项目，非常有必要了解 Android 目录结构，通过了解目录结构，才能知道什么类型的资源放置在什么文件中、在特定的文件中应该创建什么类型的文件等。Android项目目录结构可参见表5-1。

表5-1 Android项目目录结构

目录或文件	说　　明
src	src目录中存放的是该项目的源代码，其内部结构会根据用户所声明的包自动组织。程序员在项目开发过程中，大部分时间是对该目录下的源代码文件进行编写。
gen	该目录下的文件是ADT自动生成的，并不需要人为地去修改，实际上该目录下只定义了一个R.java文件，该文件相当于项目的字典，项目中用户界面、字符串、图片、声音等资源都会在该类中创建唯一的ID，当项目中使用这些资源时，会通过该类得到资源的引用。
Android 2.2	该目录中存放的是该项目支持的JAR包，同时还包含项目打包时需要的META-INF目录。
res	该目录用于存放应用程序中经常使用到的资源文件，包括图片、声音、布局文件及参数描述文件等，包括多个目录，其中，以drawable开头的3个文件夹用于存放.png和.jpg等图片资源；layout文件夹用于存放应用程序的布局文件；raw用于存放应用程序所得到的声音等资源；values存放的则是所有XML格式的资源描述文件，例如，字符串资源的描述文件strings.xml、样式的描述文件styles.xml、颜色的描述文件colors.xml、尺寸的描述文件dimens.xml，以及数组描述文件arrays.xml等。
AndroidManifest.xml文件	该文件为应用程序的系统控制文件，每个应用程序都必须包含这个文件。它是应用程序的全局描述文件，能够让外界知道应用程序包含哪些组件、哪些资源，以及何时运行该程序等，包含的信息如下： ① 应用程序的包名：该包名将作为应用程序的唯一标识符； ② 所包含的组件：Activity，Service，BroadcastReceiver和ContentProvider等； ③ 应用程序兼容的最低版本； ④ 声明应用程序需要的链接库； ⑤ 应用程序自身应该具有的权限的声明； ⑥ 其他应用程序访问应用程序时应该具有的权限。
default.properties文件	该文件为项目的配置文件，不需要人为改动，系统会自动对其进行处理，其中主要描述了项目版本等信息。
assets	用于存放应用程序中使用的外部资源文件，程序可以通过I/O流对目录中的文件进行读写，存放在此目录下的文件都会被打包到发布包中。

Android应用程序由一些松散联系的组件构成，遵守着一个应用程序清单(manifest)，这个清单描述了每个组件以及它们如何交互，还包含应用程序的硬件和平台需求的元数据(metadata)。

以下6个组件提供Android应用程序的基础部分：

(1) Activities：应用程序的表示层。应用程序的每个界面都将是Activity类的扩展。Activities用视图构成GUI来显示信息、响应用户操作。就桌面开发而言，一个Activity相当于一个窗体。

(2) Services：应用程序中的隐形工作者。Service组件在后台运行，更新数据源和可见的Activities，并触发通知(Notification)。在应用程序的Activities不激活或不可见时，用于执行需要继续的长期处理。

(3) Content Providers：可共享的数据存储。Content Providers 用于管理和共享应用程序数据库，是跨应用程序边界数据共享的优先方式。这表示可以配置自己的 Content Providers 以允许其他应用程序访问，可以用他人提供的 Content Providers 来访问他人存储的数据。Android 设备包括几个本地 Content Providers，提供了像媒体库和联系人明细这样有用的数据库。

(4) Intents：一个应用程序间(inter-application)的消息传递框架。使用 Intents 可以在系统范围内广播消息或者对一个目标 Activity 或 Service 发送消息，来表示要执行一个动作，系统将辨别出相应要执行活动的目标。

(5) Broadcast Receivers：Intent 广播的消费者。如果创建并注册了一个 Broadcase Receiver，应用程序就可以监听匹配了特定过滤标准的 Intent 广播。Broadcase Receiver 会自动开启应用程序以响应一个收到的 Intent，使得可以用它们完美地创建事件驱动的应用程序。

Widgets：可以添加到主屏幕界面(home screen)的可视应用程序组件。作为 Broadcase Receiver 的特殊变种，Widgets 可以为用户创建可嵌入到主屏幕界面的动态、交互的应用程序组件。

(6) Notifications：一个用户通知框架。Notification 可以不必窃取焦点或中断当前 Activities 就能通知用户。这是在 Service 和 Broadcast Receiver 中获取用户注意的推荐技术。例如，当设备接收到一条短消息或一个电话，它会通过使用闪光灯、发出声音、显示图标或显示消息来提醒你。可以在应用程序中使用 Notifications 触发相同的事件。

需要注意的是，不是每个程序都有这 6 个组件，可能程序中只使用其中的一部分。一旦决定程序包含哪些组件时，需要在 AndroidManifest. xml 文件中列出它们。这个 XML 文件包含程序所定义的组件，以及这些组件的功能和必备的条件。

Activities 中最常用的 4 个组件包括：① Activity；② Intent Receiver；③ Service；④ Content Provider。Activity 在程序中通常表现为一个单独的界面(screen)。每个 Activity 都是一个单独的类，它扩展实现了 Activity 基础类。这个类显示为由 Views 组成的用户界面，并响应事件。大多数程序有多个 Activity。

Android 通过一个专门的 Intent 类来进行界面的切换，Intent 描述了程序想做什么。使用 Intent，可以在整个系统内广播消息，或者给特定的 Activity 或服务来执行程序的行为。系统会决定哪个或哪些目标来执行适当的行为。

Service 组件运行时不可见，但它负责更新的数据源和可见的 Activity，以及触发通知。它们常用来执行一些需要持续运行的处理，当 Activity 已经不处于激活状态或不可见。

Content Provider 用来管理和共享应用程序的数据库。在应用程序间，Content Provider 是共享数据的首选方式。这意味着可以配置自己的 Content Provider 去存取其他的应用程序，或者通过其他应用程序暴露的 Content Provider 去存取它们的数据。

通过创建和注册一个 Broadcast Receiver，应用程序可以监听符合特定条件广播的 Intent。Broadcast Receiver 会自动启动 Android 应用程序去响应新来的 Intent，它是事件驱动程序的理想手段。

§5.2 事件处理机制

Android 事件监听是整个消息的基础和关键，涉及两类对象：事件发生者和事件监听者。事件发生者是事件的起源，它可以是按钮、编辑框等；事件监听者就是事件的接受者，如果要想接收某个事件，必须对该事件的发生者注册对应的事件监听器。

Android 的事件处理机制有两种：基于监听器和基于回调的事件处理机制。这两种机制的原理和实现方法都不同。

5.2.1 基于监听器的事件处理

与基于回调的事件处理相比，基于监听器是更具"面向对象"性质的事件处理方式。在监听器模型中，主要涉及 3 类对象：

(1) 事件源(event source)：产生事件的来源，通常是各种组件，如按钮、窗口等；

(2) 事件(event)：事件封装了界面组件上发生的特定事件的具体信息，如果监听器需要获取界面组件上所发生事件的相关信息，一般通过事件对象来传递；

(3) 事件监听器(event listener)：负责监听事件源发生的事件，并对不同的事件做相应的处理。

基于监听器的事件处理机制是一种委派式 Delegation 的事件处理方式，事件源将整个事件委托给事件监听器，由监听器对事件进行响应处理。这种处理方式将事件源和事件监听器分离，有利于提供程序的可维护性。

图 5-1 显示了委托事件模型的原理。外部的操作(如按下按键、单击触摸屏或转动移动终端等动作)会触发事件源的事件。对于单击按钮的操作来说，事件源就是按钮，它会根据这个操作生成一个按钮按下的事件对象，这对于系统来说，就产生了一个事件。

事件的产生会触发事件监听器，事件本身作为参数传入事件处理器中。事件监听器是通过代码在程序初始化时注册到事件源的，也就是说，在按钮上设置一个可以监听按钮操作的监听器，并且通过这个监听器调用事件处理器，事件处理器里有针对这个事件编写的代码。

基于监听器的事件处理需要完成以下 3 个工作：

(1) 定义监听器，覆盖对应的抽象方法，在监听器中针对事件编写响应的处理代码；

(2) 创建监听器对象；

(3) 注册监听器。

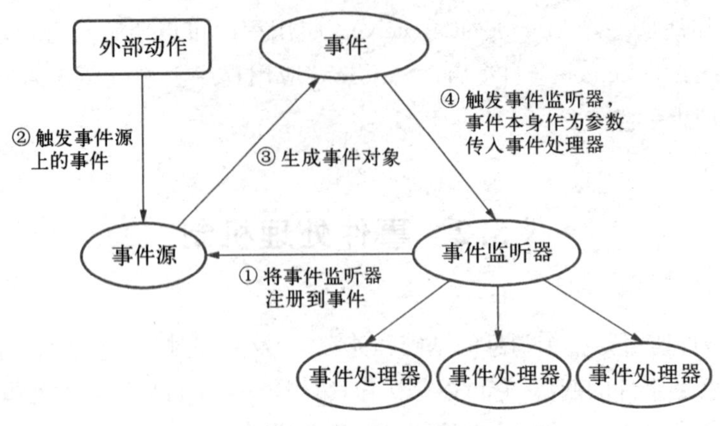

图 5-1 Android 事件监听处理机制

5.2.2 基于回调的事件处理

Android 的另一种事件处理机制是基于回调的机制。

在通常情况下，程序员写程序时需要使用系统工具提供的方法来完成某种功能（如调用 Math. sqrt()求取平方根）。但是，在某种情况下，系统会反过来调用一些类的方法（如对于用作组件或插件的类，需要编写一些共系统调用的方法），这些专门用于被系统调用的方法称为回调方法，即回过来系统调用的方法。

在 Android 平台中，每个 View 都有自己处理事件的回调方法，开发人员可以通过重写 View 中的这些回调方法来实现需要的响应事件。当某个事件没有被任何一个 View 处理时，便会调用 Activity 中相应的回调方法。例如，View 类实现了 KeyEvent. Callback 接口中的一系列回调函数，因此，基于回调的事件处理机制通过自定义 View 来实现，自定义 View 时重写这些事件处理方法即可。

与基于监听器的事件处理模型相比，基于回调的事件处理模型要简单些，在该模型中事件源和事件监听器是合一的，也就是说没有独立的事件监听器存在。当用户在 GUI 组件上触发某事件时，由该组件自身特定的函数负责处理该事件。通常通过重写 Override 组件类的事件处理函数来实现事件的处理。

5.2.3 事件响应的实现

Android 系统为不同的控件和操作提供了相应的监听器，下面介绍几个常用的监听器。

(1) OnClickListener 接口：用来处理单击事件。在触控模式下，是在某个 View 上按下并抬起的组合动作；在键盘模式下，是某个 View 获得焦点后点击确定键或者按下轨迹球事件。

(2) OnFocusChangeListener 接口：用来处理控件焦点发生改变。当某个控件失去焦点或者获得焦点时，都会触发该接口中的回调方法。

(3) OnKeyListener 接口：是对手机键盘进行监听的接口。通过对某个 View 注册该监听，当 View 获得焦点并有键盘事件时，便会触发该接口中的回调方法。

(4) OnLongClickListener 接口：与 OnClickListener 接口相应，该接口为 View 长按事件的捕捉接口，即当长时间按下某个 View 时触发事件。

(5) OnTouchListener 接口：用来处理手机屏幕事件的监听接口。当在 View 的范围内触摸按下、抬起或滑动等动作时，都会触发该事件。

例 5-1 建立 Android 项目名"event_handle_1"。实现程序界面在单击按钮之后，在文本框显示字符串。

布局文件 main.xml 的内容如下：

```
<? xml version = "1.0" encoding = "utf-8"? >
<LinearLayout xmlns: android = "http://schemas.android.com/apk/res/android"
    android: orientation = "vertical"
    android: layout_width = "fill_parent"
    android: layout_height = "fill_parent"
    >
<Button android: layout_width = "wrap_content"
        android: gravity = "center_horizontal"
        android: autoText = "true"
        android: id = "@ + id/Button01"
        android: layout_height = "wrap_content"
        android: text = "@ + id/Button01">
</Button>
<EditText android: text = "@ + id/EditText01"
          android: id = "@ + id/EditText01"
          android: layout_width = "wrap_content"
          android: layout_height = "wrap_content">
</EditText>
</LinearLayout>
```

实现 Activity 的文件 MainActivity.java 的内容如下：

```
import android.app.Activity;
import android.os.Bundle;
import android.view.View;
import android.view.View.OnClickListener;
import android.widget.Button;
import android.widget.TextView;
import android.widget.Toast;
public class MainActivity extends Activity {
```

```
    private Button btnshow;
    private TextView txtshow;
    /** Called when the activity is first created.  */
    @Override
    public void onCreate(Bundle savedInstanceState) {
        super.onCreate(savedInstanceState);
        setContentView(R.layout.main);
        /*btnshow = (Button) findViewById(R.id.Button01);
        btnshow.setOnClickListener(new OnClickListener() {
            //重写点击事件的处理方法onClick()
            @Override
            public void onClick(View v) {
                //显示Toast信息
                Toast.makeText(getApplicationContext(),"你点击了按钮",
Toast.LENGTH_SHORT).show();
            }
        });*/

         btnshow = (Button) findViewById(R.id.Button01);
         txtshow = (TextView) findViewById(R.id.EditText01);
         //直接new一个外部类,并把TextView作为参数传入
         btnshow.setOnClickListener(new MyClick(txtshow));
    }
}
```

自定义文件MyClick.java的内容如下：

```
import android.view.View;
import android.view.View.OnClickListener;
import android.widget.TextView;
public class MyClick implements OnClickListener {
    private TextView textshow;
    //把文本框作为参数传入
    public MyClick(TextView txt)
    {
        textshow = txt;
    }
        @Override
    public void onClick(View v) {
        //点击后设置文本框显示的文字
        textshow.setText("点击了按钮!");
    }
}
```

项目 event_handle_1 在模拟器的运行效果如图 5-2 所示。

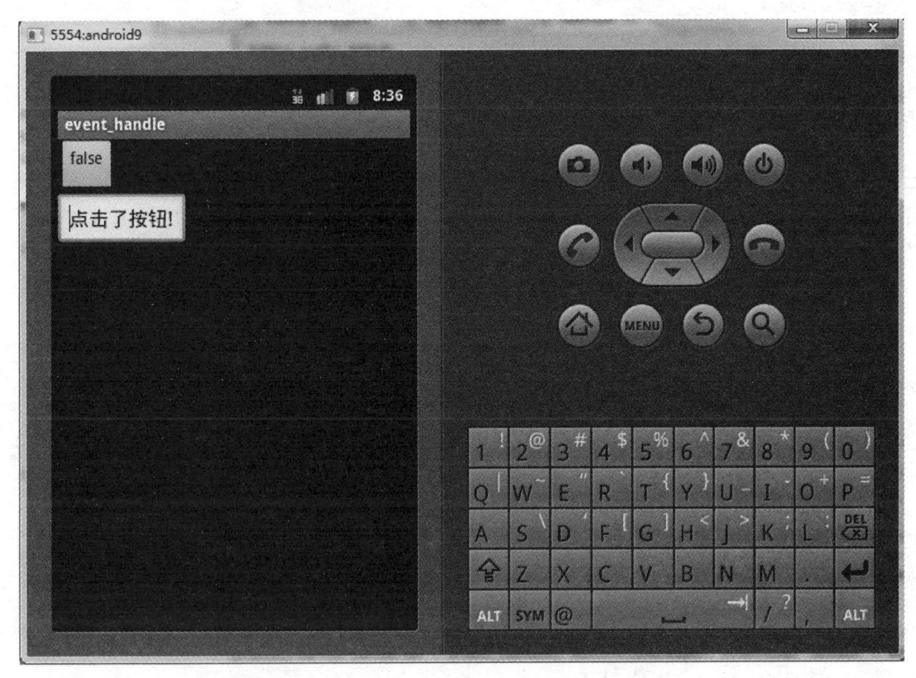

图 5-2　项目 event_handle_1 的运行效果

例 5-2　在智能手机上，很多应用软件需要得到用户手指操作时的坐标和一些用户的操作，鉴于开发 Android 经常会用到滑动，建立 Android 项目名"event_handle_2"。

布局文件 main. xml 的内容如下：

```
<? xml version = "1.0" encoding = "utf-8"? >
<LinearLayout xmlns: android = "http://schemas.android.com/apk/res/android"
    android: orientation = "vertical"
    android: layout_width = "fill_parent"
    android: layout_height = "fill_parent"
    >
  <TextView
      android: id = "@ + id/touch_area"
      android: layout_width = "fill_parent"
      android: layout_height = "300dip"
      android: background = "#0FF"
      android: textColor = "#FFFFFF"
      android: text = "触摸事件测试区"
      />
```

```
    <TextView
        android:id="@+id/history_label"
        android:layout_width="fill_parent"
        android:layout_height="wrap_content"
        android:text="历史数据"
        />
    <TextView
        android:id="@+id/event_label"
        android:layout_width="fill_parent"
        android:layout_height="wrap_content"
        android:text="触摸事件："
        />
</LinearLayout>
```

实现 Activity 的文件 MainActivity. java 的内容如下：

```
import android.app.Activity;
import android.os.Bundle;
import android.view.MotionEvent;
import android.view.View;
import android.widget.TextView;
public class MainActivity extends Activity {
    /** Called when the activity is first created.  */
    private TextView eventlable;
    private TextView histroy;
    private TextView TouchView;
    @Override
    public void onCreate(Bundle savedInstanceState) {
        super.onCreate(savedInstanceState);
        setContentView(R.layout.main);
        TouchView = (TextView) findViewById(R.id.touch_area);
        histroy = (TextView) findViewById(R.id.history_label);
        eventlable = (TextView) findViewById(R.id.event_label);

        TouchView.setOnTouchListener(new View.OnTouchListener() {

            @Override
            public boolean onTouch(View v,MotionEvent event) {
```

```
                int action = event.getAction();
                switch (action) {
                // 当按下的时候
                case (MotionEvent.ACTION_DOWN):
                    Display("ACTION_DOWN",event);
                    break;
                // 当按上的时候
                case (MotionEvent.ACTION_UP):
                    int historysize = ProcessHistory(event);
                    histroy.setText("历史数据" + historysize);
                    Display("ACTION_UP",event);
                    break;
                // 当触摸的时候
                case (MotionEvent.ACTION_MOVE):
                    Display("ACTION_MOVE",event);
                }
                return true;
            }
        });
    }

    public void Display(String eventType,MotionEvent event) {
        // 触点相对坐标的信息
        int x = (int) event.getX();
        int y = (int) event.getY();
        // 表示触屏压力大小
        float pressure = event.getPressure();
        // 表示触点尺寸
        float size = event.getSize();
        // 获取绝对坐标信息
        int RawX = (int) event.getRawX();
        int RawY = (int) event.getRawY();

        String msg = "";

        msg + = "事件类型" + eventType + "\\n";
        msg + = "相对坐标" + String.valueOf(x) + "," + String.valueOf
(y) + "\\n";
        msg + = "绝对坐标" + String.valueOf(RawX) + "," + String.
valueOf(RawY) + "\\n";
```

```
        msg += "触点压力" + String.valueOf(pressure) + ",";
        msg += "触点尺寸" + String.valueOf(size) + "\\n";
        eventlable.setText(msg);
    }

    public int ProcessHistory(MotionEvent event) {
        int history = event.getHistorySize();
        for (int i = 0; i < history; i++) {
            long time = event.getHistoricalEventTime(i);
            float pressure = event.getHistoricalPressure(i);
            float x = event.getHistoricalX(i);
            float y = event.getHistoricalY(i);
            float size = event.getHistoricalSize(i);
        }
        return history;
    }
}
```

项目 event_handle_2 在模拟器运行的效果如图 5-3 所示。

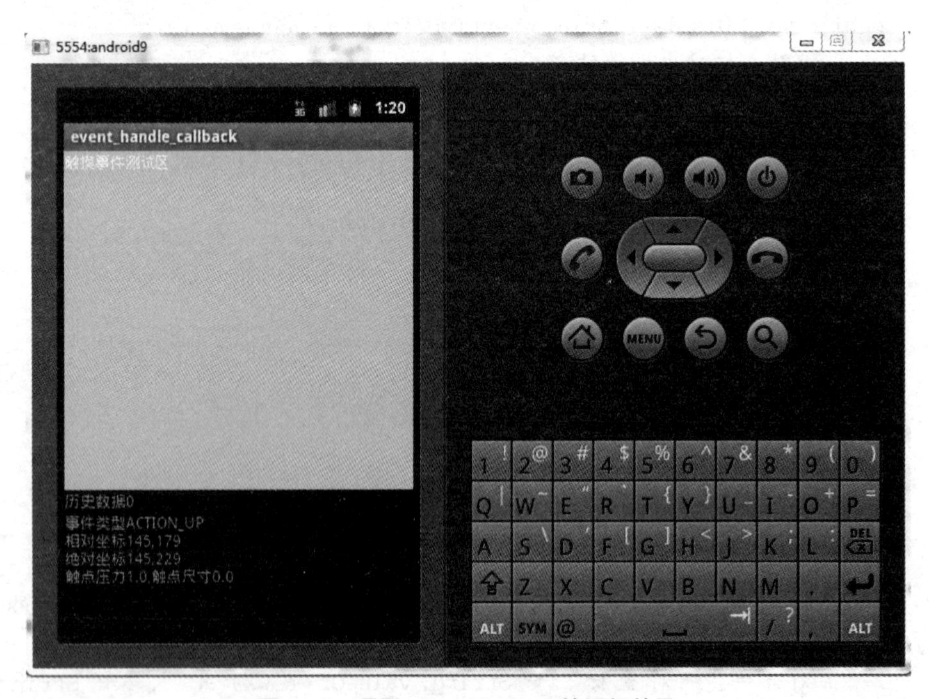

图 5-3　项目 event_handle_2 的运行效果

§5.3 应用程序消息处理机制

与 Windows 和 MiniGui 等大多数系统相同，Android 也是通过消息来驱动的，特殊的是 Android 需要为每个应用程序维护一个消息队列和消息循环，应用程序的主线程不断地从这个消息队列中获取消息，然后对这些消息进行处理，这样就实现了通过消息来驱动执行应用程序。

5.3.1 Intent

Intent 是一种运行时绑定（run-time binding）机制，它能在程序运行过程中连接两个不同的组件。通过 Intent，程序可以向 Android 表达某种请求或者意愿，Android 会根据意愿的内容选择适当的组件来完成请求。例如，有一个 Activity 希望打开网页浏览器查看某一网页的内容，那么这个 Activity 只需要发出 WEB_SEARCH_ACTION 给 Android，Android 就会根据 Intent 的请求内容，查询各组件注册时声明的 intent-filter，找到网页浏览器的 Activity 来浏览网页。

Intent 是不同组件之间相互通信的纽带，封装了不同组件之间通信的条件。Intent 本身定义为一个类，一个 Intent 对象表达一个目的或期望，叙述其所期望的服务或动作、与动作有关的数据等。Android 则根据 Intent 对象的叙述，负责配对并找出相配的组件，然后将 Intent 对象传递给所找到的组件。

Intent 是一个保存着消息内容的 Intent 对象。对于 Activity 和服务来说，它指明了请求的操作名称，以及作为操作对象的数据的 URI 和其他信息。例如，Intent 可以承载对一个 Activity 的请求，让它为用户显示一张图片，或者让用户编辑一些文本。而对于广播接收器而言，Intent 对象指明了声明的行为。例如，它可以对所有感兴趣的对象声明，照相按钮被按下。

Android 的基础组件 Activity，Service 和 BroadcastReceiver 都是通过 Intent 机制激活的，不同类型的组件有不同的传递 Intent 的方式。

(1) 要激活一个新的 Activity，或者让一个现有的 Activity 做新的操作，可以通过调用 Context. startActivity( )或者 Activity. startActivityForResult( )的方法。

(2) 要启动一个新的 Service，或者向一个已有的 Service 传递新的指令，通过调用 Context. startService( )或者调用 Context. bindService( )方法，可以将调用此方法的上下文对象与 Service 绑定。

(3) Context. sendBroadcast( )，Context. sendOrderBroadcast( ) 和 Context. sendStickBroadcast( )这 3 个方法可以发送 Broadcast Intent。在发送之后，所有已注册的并且拥有与之相匹配 intent-filter 的 BroadcastReceiver 就会被激活。

Intent 一旦发出，Android 会准确地找到与之相匹配的一个或多个 Activity，Service 或者 BroadcastReceiver 作为响应。所以，不同类型的 Intent 消息不会出现重叠，即：Broadcast 的 Intent 消息只会发送给 BroadcastReceiver，而决不会发送给 Activity 或者 Service；由 startActivity( )传递的消息也只会发给 Activity；由 startService( )传递的 Intent 只会发送给 Service。

一、Intent 对象包含的内容

一个 Intent 对象就是一个信息包。它包含接收这个 Intent 对象的组件所感兴趣的信息（如要执行的动作和动作相关的数据）、Android 系统有兴趣的信息（如处理 Intent 组件的分类信息和如何启动目标活动的指令）。Intent 为这些不同的信息定义了对应的属性，通过设定所需要的属性值，就可以把数据从一个 Activity 传递到另一个 Activity。

Intent 对象可绑定下面这些信息：

- Component Name：需要启动的 Activity 的名字；
- Action：指定要访问的 Activity 需要做什么；
- Data：需要传递的数据；
- Category：给出 Action 的额外执行信息；
- Extra：需要传递的额外信息以键值对形式传递；
- Flags：标记 Activity 启动的方式。

(1) ComponentName（组件名称）：指定 Intent 的目标组件的类名称。组件名称是可选的，如果填写，Intent 对象会发送给指定组件名称的组件，否则可以通过其他 Intent 信息定位到适合的组件。组件名称是 ComponentName 类型的对象。

其使用方法如下：

```
Intent intent = new Intent();
// 构造的参数为当前 Context 和目标组件的类路径名
ComponentName cn = new ComponentName(this,"com.cn. TestActivity");
intent.setComponent(cn);
startActivity(intent);
```

相当于以下的常用方法：

```
Intent intent = new Intent();
intent.setClass(this,TestActivity.class);
startActivity(intent);
```

这里定义 Intent 对象时用到 Intent 的构造函数 Intent(Context packageContext,Class <?>cls);两个参数分别指定 Context 和 Class,由于将 Class 设置为“TestActivity.class”,这样便显式指定 TestActivity 类作为该 Intent 的接收者,通过后面的 startActivity()方法便可启动 TestActivity。

(2) Action(动作):指定 Intent 的执行动作。它的值是一个字符串常量,代表 Android 组件可能执行的一些操作(如调用拨打电话组件)。Android 系统中定义了一套标准的 Action 值,其中最重要和最常用的 Action 操作是 ACTION_MAIN 和 ACTION_EDIT,常用的 Action 标准值可参见表 5-2。

表 5-2 常用的 Action 标准值

ACTION 定义	Activity	说 明
ACTION_CALL	activity	发起呼叫
ACTION_EDIT	activity	显示数据为用户编辑
ACTION_MAIN	activity	启动的 Activity
ACTION_SYNC	activity	在移动设备上同步数据到服务器
ACTION_BATTERY_LOW	broadcast receiver	电池电量低警告
ACTION_HEADSET_PLUG	broadcast receiver	头戴耳机插入式拔出
ACTION_SCREEN_ON	broadcast receiver	屏幕已开启
ACTION_TIMEZONE_CHANGED	broadcast receiver	时区变化设置

(3) Data(数据):Data 属性是执行动作的 URI 和 MIME 类型,不同的动作有不同的数据规格。例如,Action 是 ACTION_EDIT 时,数据域为文档的 URI;Action 是 ACTION_CALL 时,数据域为 tel:URI,带有要拨打的电话号码;Action 是 ACTION_VIEW 时,数据域为 http:URI。

例如,调用拨打电话组件时,程序如下:

```
Uri uri = Uri.parse("tel:10086");
// 参数分别为调用拨打电话组件的 Action 和获取 Data 数据的 Uri
Intent intent = new Intent(Intent.ACTION_DIAL,uri);
startActivity(intent);
```

(4) Category(类别):主要描述被请求组件或执行动作的额外信息。Category 是一个字符串,提供额外的信息,有能够处理这个 Intent 对象的组件种类。

例如,应用启动 Activity 可在 intent-filter 中设置 category 如下:

```
<intent-filter>
    <action android:name="android.intent.action.MAIN" />
    <category android:name="android.intent.category.LAUNCHER" />
</intent-filter>
```

(5) Extras(附加信息)：主要描述组件的扩展信息或额外数据。可通过 putXX()和 getXX()方法存取信息；也可以通过创建 Bundle 对象，再通过 putExtras()和 getExtras()方法来存取。

(6) Flags(标记)：主要标识如何触发目标组件以及如何看待被触发目标组件，指示 Android 如何启动目标 Activity，设置方法为调用 Intent 的 setFlags 方法。常用的 Flags 参数有 FLAG_ACTIVITY_CLEAR_TOP，FLAG_ACTIVITY_NEW_TASK，FLAG_ACTIVITY_NO_HISTORY，FLAG_ACTIVITY_SINGLE_TOP 等。

二、Intent 解析

当一个 Activity 创建并发出一个 Intent 对象后，可实现 Activity 和其他基础组件之间的程序跳转和数据传递，可以通过 Intent 的显式和隐式两种不同方式实现。

(1) 显式 Intent：通过 Intent 调用 setComponent(ComponentName)或者 setClass(Context，Class)来指定。通过指定具体的组件类，通知应用启动对应的组件。

(2) 隐式 Intent：ComponentName 字段为空，信息使用 intent-filter 在所有的组件中过滤 Action，Data 或者 Category 来匹配目标组件。

1. Intent 解析机制

Intent 解析机制主要是通过查找已注册在 AndroidManifest.xml 中的所有<intent-filter>及其中定义的 Intent，来查找能处理这个 Intent 的 component。在这个解析过程中，Android 通过 Intent 的 action，type，category 这 3 个属性来进行判断，判断方法具体如下：

(1) 如果 Intent 指明 action，则目标组件的 intent-filter 的 action 列表就必须包含这个 action，否则不能匹配。

(2) 如果 Intent 没有提供 type，系统将从 Data 中得到数据类型。与 action 一样，目标组件的数据类型列表中必须包含 Intent 的数据类型，否则不能匹配。

(3) 如果 Intent 中的数据不是 content：类型的 URI，而且 Intent 也没有明确指定 type，那么将根据 Intent 中数据的 scheme(如 http：或者 mailto：)进行匹配。同样，Intent 的 scheme 也必须出现在目标组件的 scheme 列表中。

(4) 如果 Intent 指定了一个或多个 category，这些类别必须全部出现在组建的类别列表中。例如，Intent 中包含 LAUNCHER_CATEGORY 和ALTERNATIVE_CATEGORY 两个类别，解析得到的目标组件就必须至少包含这两个类别。

2. Intent 调用常见系统组件

下面给出 Intent 调用常见系统组件的 11 个程序。

(1) 调用浏览器。程序如下：

```
Uri webViewUri = Uri.parse("http://blog.csdn.net/zuolongsnail");
Intent intent = new Intent(Intent.ACTION_VIEW,webViewUri);
```

(2) 调用地图。程序如下：

```
Uri uri = Uri.parse("geo: 38.899533,- 77.036476");
Intent it = new Intent(Intent.Action_VIEW,uri);
startActivity(it)
```

(3) 播放多媒体。程序如下：

```
Intent it = new Intent(Intent.ACTION_VIEW);
Uri uri = Uri.parse("file:///sdcard/song.mp3");
it.setDataAndType(uri,"audio/mp3");
startActivity(it);
Uri uri = Uri.withAppendedPath(MediaStore.Audio.Media.INTERNAL_CONTENT_
URI,"1");
Intent it = new Intent(Intent.ACTION_VIEW,uri);
startActivity(it);
```

(4) 路径规划。程序如下：

```
Uri uri = Uri.parse ( " http://maps.google.com/maps? f = d&saddr =
startLat % 20startLng&daddr = endLat % 20endLng&hl = en");
Intent it = new Intent(Intent.ACTION_VIEW,URI);
startActivity(it);
```

(5) 拨打电话。程序如下：

```
Uri dialUri = Uri.parse("tel: 10086");
Intent intent = new Intent(Intent.ACTION_DIAL,dialUri);
```

直接拨打电话，需要加上权限：

```
<uses-permission id="android.permission.CALL_PHONE" />
Uri callUri = Uri.parse("tel: 10086");
Intent intent = new Intent(Intent.ACTION_CALL,callUri);
```

（6）调用发送短信。程序如下：

```
Intent it = new Intent(Intent.ACTION_VIEW);
it.putExtra("sms_body","The SMS text");
it.setType("vnd.android-dir/mms-sms");
startActivity(it);
```

（7）发送短信。程序如下：

```
Uri uri = Uri.parse("smsto: 0800000123");
Intent it = new Intent(Intent.ACTION_SENDTO,uri);
it.putExtra("sms_body","The SMS text");
startActivity(it);
```

（8）发送彩信。程序如下：

```
Uri uri = Uri.parse("content://media/external/images/media/23");
Intent it = new Intent(Intent.ACTION_SEND);
it.putExtra("sms_body","some text");
it.putExtra(Intent.EXTRA_STREAM,uri);
it.setType("image/png");
startActivity(it);
```

（9）发送 Email。程序如下：

```
Uri uri = Uri.parse("mailto: xxx@abc.com");
Intent it = new Intent(Intent.ACTION_SENDTO,uri);
startActivity(it);
Intent it = new Intent(Intent.ACTION_SEND);
```

```
it.putExtra(Intent.EXTRA_EMAIL,"me@abc.com");
it.putExtra(Intent.EXTRA_TEXT,"The email body text");
it.setType("text/plain");
startActivity(Intent.createChooser(it,"Choose Email Client"));
Intent it = new Intent(Intent.ACTION_SEND);
String[] tos = {"me@abc.com"};
String[] ccs = {"you@abc.com"};
it.putExtra(Intent.EXTRA_EMAIL,tos);
it.putExtra(Intent.EXTRA_CC,ccs);
it.putExtra(Intent.EXTRA_TEXT,"The email body text");
it.putExtra(Intent.EXTRA_SUBJECT,"The email subject text");
it.setType("message/rfc822");
startActivity(Intent.createChooser(it,"Choose Email Client"));
```

(10) 卸载应用。程序如下：

```
Uri uninstallUri = Uri.fromParts("package","com.app.test",null);
Intent intent = new Intent(Intent.ACTION_DELETE,uninstallUri);
```

(11) 安装应用。程序如下：

```
Intent intent = new Intent(Intent.ACTION_VIEW);
intent.setDataAndType(Uri.fromFile(new File("/sdcard/test.apk"),
"application/vnd.android.package-archive");
```

3. Intent 实例

例 5-3 建立 Android 项目名“Intent_Dial”。实现程序界面在单击按钮之后，用 Intent 激活电话拨号程序。

布局文件 main.xml 的内容如下：

```
<Button
android:id = "@+id/button_id"
android:layout_width = "fill_parent"
android:layout_height = "wrap_content"
android:text = "@string/button"/>
```

在目录/values/string.xml 增加内容如下：

```
<string name = "button">拨号</string>
```

实现 Activity 的文件 MainActivity. java 的内容如下：

```
final Button button = (Button) findViewById(R.id.button_id);
        button.setOnClickListener(new Button.OnClickListener()
        {
          @Override
          public void onClick(View b)
          {
             Intent i = new Intent(Intent.ACTION_DIAL,
                         Uri.parse("tel://13800138000"));
             startActivity(i);
          }
        }
        );
```

项目 Intent_Dial 在模拟器的运行效果如图 5－4 和图 5－5 所示。

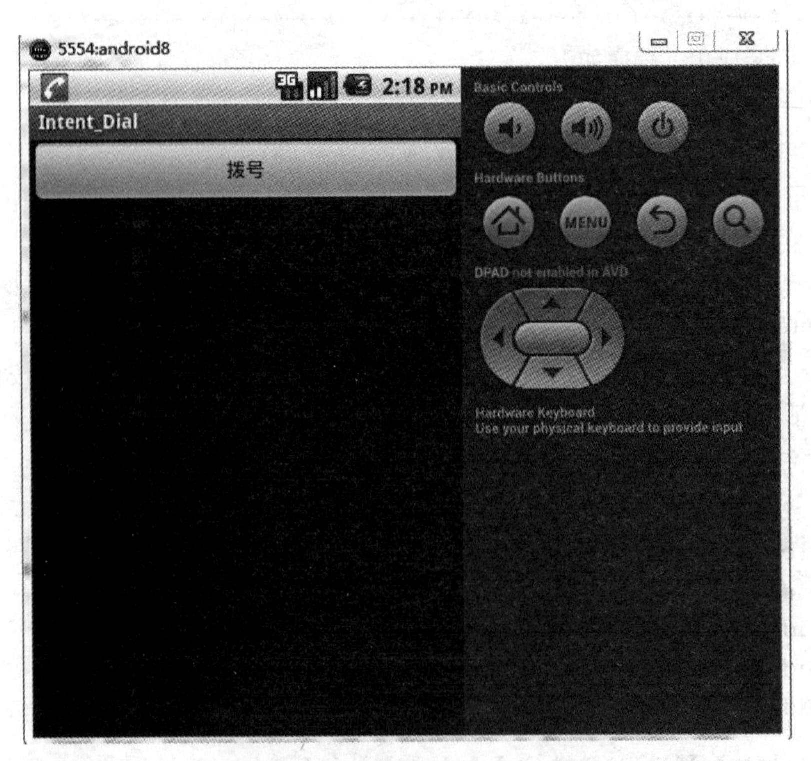

图 5－4　项目 Intent_Dial 的运行效果 1

图 5-5　项目 Intent_Dial 的运行效果 2

5.3.2　BroadcastReceiver 组件

一、BroadcastReceiver 组件

在 Android 应用程序中，BroadcastReceiver 与 Activity，Service 和 Content Provider 其他三大组件相同，都是以一段独立的 Java 程序代码存在于应用程序项目中。

BroadcastReceiver 是一个专注于接收广播通知信息，并做出对应处理的组件。很多广播源自系统发出的通知（如通知时区改变、电池电量低、拍摄了一张照片、用户改变了语言选项等）。应用程序也可以进行广播，例如通知其他应用程序，一些数据下载完成并处于可用状态。

应用程序可以拥有任意数量的广播接收器，以对所有感兴趣的通知信息予以响应。所有的接收器均继承自 BroadcastReceiver 基类。

BroadcastReceive 没有用户界面。然而，它们可以启动一个 Activity 来响应它们收到的信息，或者用 NotificationManager 来通知用户。通知可以用很多种方式来吸引用户的注意力（如闪动背灯、震动、播放声音等），一般是在状态栏上放一个持久的图标，用户可以打开它并获取消息。

Android 中的广播事件有两种：一种是系统广播事件，例如，ACTION_BOOT_COMPLETED（系统启动完成后触发），ACTION_TIME_CHANGED（系统时间改变时触发），ACTION_BATTERY_LOW（电量低时触发），等等；另外一种就是自定义的广播事件。

二、BroadcastReceiver 的使用步骤

(1) 注册 BroadcastReceiver：注册方式有静态注册和动态注册两种。静态注册就是在 AndroidManifest. xml 文件中定义，注册的广播接收器必须要继承 BroadcastReceiver；另一种动态注册是在程序中使用 Context. registerReceiver 注册，注册的广播接收器相当于一个匿名类。这两种注册方式都需要使用 intent-filter。

静态注册方法的程序如下：

```
<receiver android: name = "MyReceiver">
      <intent-filter>
        <action android: name = "android. intent. action. MY_BROADCAST"/>
<category android: name = "android. intent. category. DEFAULT" />
      </intent-filter>
</receiver
```

动态注册方法的程序如下：

```
MyReceiver receiver = new MyReceiver();
IntentFilter filter = new IntentFilter();
filter.addAction("android. intent. action. MY_BROADCAST");
registerReceiver(receiver,filter);
```

(2) 发送广播事件：通过 Context. sendBroadcast 来发送，由 Intent 来传递注册时用到的 Action。

(3) 接收广播事件：当发送的广播被接收器监听到后，会调用它的 onReceive()方法，并将包含消息的 Intent 对象传给它。onReceive 中代码的执行时间不要超过 5 秒，否则 Android 会弹出超时 Dialog 对话框。

三、BroadcastReceiver 的使用举例

下面演示两个广播事件的使用。

1. 网络状态变化

在某些场合网络状态发生变化，例如，用户浏览网络信息时网络突然断开，应当及时提醒用户网络已断开，要实现这个功能，可以接收"网络状态改变"的广播，即当由连接状态变为断开状态时，系统就会发送一条广播，接收到后再通过网络的状态做出相应的操作。下面就给出实现这个功能的具体操作。

建立 Android 项目 NetworkStateReceiver，建立源文件 NetworkStateReceiver. java，输入以下内容：

```
public class NetworkStateReceiver extends BroadcastReceiver {
    private static final String TAG = "NetworkStateReceiver";
    @Override
  public void onReceive(Context context,Intent intent) {
    Log.i(TAG,"network state changed.");
    if (! isNetworkAvailable(context)) {
      Toast.makeText(context,"network disconnected!",0).show();
    }
  }
  /*  网络是否可用  */
  public static boolean isNetworkAvailable(Context context) {
    ConnectivityManager mgr = (ConnectivityManager) context.getSystemService
(Context.CONNECTIVITY_SERVICE);
    NetworkInfo[] info = mgr.getAllNetworkInfo();
    if (info ! = null) {
       for (int i = 0; i < info.length; i + +) {
          if (info[i].getState() = = NetworkInfo.State.CONNECTED) {
             return true;
          }
       }
    }
    return false;
  }
}
```

在项目文件 AndroidManifest. xml 注册接收者：

```
<receiver android:name=".NetworkStateReceiver">
  <intent-filter>
    <action android:name="android.net.conn.CONNECTIVITY_CHANGE"/>
    <category android:name="android.intent.category.DEFAULT" />
  </intent-filter>
</receiver>
```

因为在 isNetworkAvailable 方法中使用到与网络状态相关的 API，所以需要声明相关的权限：

```
<uses-permission android:name = "android.permission.ACCESS_NETWORK_
STATE"/>
```

2. 检测电量变化

全屏阅读软件时，用户就无法看到剩余的电量，需要为用户提供电量信息。这就需要接收“电量改变”的广播，然后获取电量百分比信息。

建立 Android 应用项目 BatteryChangedReceiver，建立源文件 BatteryChangedReceiver.java，输入以下内容：

```
public class BatteryChangedReceiver extends BroadcastReceiver {
    private static final String TAG = "BatteryChangedReceiver";
    @Override
    public void onReceive(Context context,Intent intent) {
      int currLevel = intent.getIntExtra(BatteryManager.EXTRA_LEVEL,0);
  //当前电量
      int total = intent.getIntExtra(BatteryManager.EXTRA_SCALE,1);
  //总电量
      int percent = currLevel * 100 / total;
      Log.i(TAG,"battery: " + percent + "%");
    }
}
```

在项目文件 AndroidManifest.xml 注册接收者：

```
<receiver android:name=".BatteryChangedReceiver">
  <intent-filter>
    <action android:name="android.intent.action.BATTERY_CHANGED"/>
    <category android:name="android.intent.category.DEFAULT" />
  </intent-filter>
</receiver>
```

当然，有些时候要立即获取电量信息，而不是等电量改变的广播(如当阅读软件打开时立即显示电池电量)，这时可以按以下的方式获取：

```
Intent batteryIntent = getApplicationContext().registerReceiver(null,
     new IntentFilter(Intent.ACTION_BATTERY_CHANGED));
int currLevel = batteryIntent.getIntExtra(BatteryManager.EXTRA_LEVEL,0);
int total = batteryIntent.getIntExtra(BatteryManager.EXTRA_SCALE,1);
int percent = currLevel * 100 / total;
Log.i("battery","battery: " + percent + "%");
```

§5.4 Service

Service 是 Android 系统的四大组件之一。与 Activity 相比，Service 不能自己运行，只能后台运行，并且可以和其他组件进行交互。Service 还可以在很多场合的应用中使用，例如，播放多媒体时用户启动了其他 Activity，此时程序要在后台继续播放；检测 SD 卡上文件的变化；在后台记录地理信息位置的改变，等等。

Service 的启动有 context. startService()和 context. bindService()两种方式。

Service 的生命周期并不像 Activity 那么复杂，它只继承了 onCreate()，onStart()和 onDestroy()这 3 个方法。当第一次启动 Service 时，先后调用 onCreate()和 onStart()这两个方法；当停止 Service 时，则执行 onDestroy()方法。Service 的生命周期如图 5-6 所示。

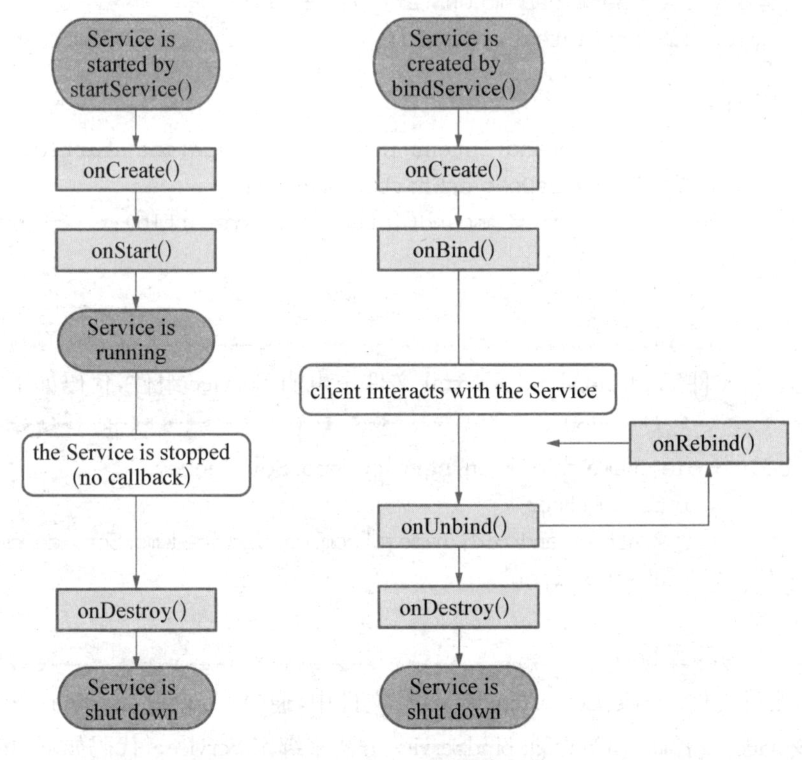

图 5-6　Service 的生命周期

下面是 Service 组件的应用示例，目的在于了解 Service 的生命周期，以及在 startService 和 bindService 时 Service 是如何响应的。

(1) 建立 Android 应用项目 ServiceDemo，建立服务源文件 ServiceDemo. java，编写 Android Service 需要基础 Service 类，并实现其中的 onBind 方法，代码如下：

```
public class ServiceDemo extends Service {
    private static final String TAG = "ServiceDemo";
    public static final String ACTION = "com.lql.service.ServiceDemo";
    @Override
    public IBinder onBind(Intent intent) {
        Log.v(TAG,"ServiceDemo onBind");
        return null;
    }
    @Override
    public void onCreate() {
        Log.v(TAG,"ServiceDemo onCreate");
        super.onCreate();
    }
    @Override
    public void onStart(Intent intent,int startId) {
        Log.v(TAG,"ServiceDemo onStart");
        super.onStart(intent,startId);
    }
    @Override
    public int onStartCommand(Intent intent,int flags,int startId) {
        Log.v(TAG,"ServiceDemo onStartCommand");
        return super.onStartCommand(intent,flags,startId);
    }
}
```

（2）在项目文件 AndroidManifest.xml 文件中声明 Service 组件，代码如下：

```
<service android:name="com.cn.servicedemo.ServiceDemo">
            <intent-filter>
                <action android:name="com.cn.servicedemo.ServiceDemo"/>
            </intent-filter>
</service>
```

（3）在项目文件 ServiceDemoActivity.java 文件中，通过 Context.startService(Intent)方法来启动 Service，或者通过 Context.bindService 方法来绑定 Service。代码如下：

```
public class ServiceDemoActivity extends Activity {
    private static final String TAG = "ServiceDemoActivity";
    Button bindBtn;
    Button startBtn;
```

```
    @Override
    protected void onCreate(Bundle savedInstanceState) {
        super.onCreate(savedInstanceState);
        setContentView(R.layout.activity_service_demo);
        bindBtn = (Button)findViewById(R.id.bindBtn);
        startBtn = (Button)findViewById(R.id.startBtn);

        bindBtn.setOnClickListener(new Button.OnClickListener(){
            public void onClick(View v) {
                bindService(new Intent(ServiceDemo.ACTION),conn,BIND_
AUTO_CREATE);
            }
        });
        startBtn.setOnClickListener(new Button.OnClickListener() {
            public void onClick(View v) {
                startService(new Intent(ServiceDemo.ACTION));
            }
        });
    }
    ServiceConnection conn = new ServiceConnection() {
        @Override
        public void onServiceConnected(ComponentName name,IBinder service) {
            // TODO Auto-generated method stub
            Log.v(TAG,"onServiceConnected");
        }
        @Override
        public void onServiceDisconnected(ComponentName name) {
            // TODO Auto-generated method stub
            Log.v(TAG,"onServiceDisconnected");
        }
    };
    @Override
    protected void onDestroy() {
        Log.v(TAG,"onDestroy unbindService");
        unbindService(conn);
        super.onDestroy();
    }
}
```

(4) 程序在模拟器的运行效果如图 5 - 7 所示。

图 5 - 7　Service 的运行效果

§5.5　Android 实现多任务

Android 多任务的调度和实现采用消息驱动机制。熟悉 Windows 编程的读者可能知道 Windows 程序是消息驱动的全局的消息循环系统。Android 应用程序也是消息驱动的，谷歌也参考 Windows 系统，在 Android 系统中实现消息循环。Android 通过 Looper，Handler，MessageQueue 和 Message 来实现消息循环。Android 的消息循环是针对线程的，即主线程和工作线程都可以有自己的消息队列（message queue）和消息循环（looper）。

5.5.1　多任务实现原理

对于多线程的 Android 应用程序来说，有两类线程：一类是主线程，即 UI 线程；另一类是工作线程，即主线程或工作线程创建的线程。Android 的线程间消息处理机制主要用来处理主线程与工作线程间的通信，如图 5 - 8 所示。

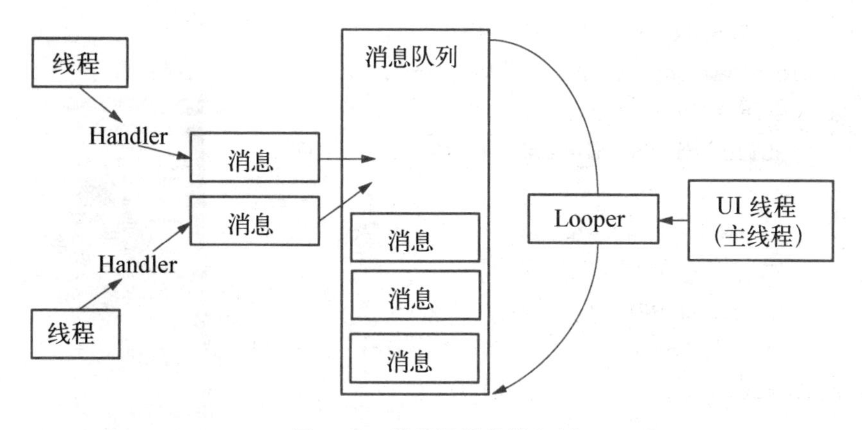

图 5-8　线程间通信的示例

Android 应用程序通过消息来驱动，即在应用程序的主线程中有一个消息循环，负责处理消息队列中的消息。

线程之间和进程之间不能直接传递消息，必须通过对消息队列和消息循环的操作完成。Android 消息循环是针对线程的，每个线程都可以有自己的消息队列和消息循环。Android 提供了 Handler 类和 Looper 类来访问消息队列。

每个 Activity 运行于主线程中，Android 系统在启动时会为 Activity 创建一个消息队列和消息循环。

Handler 的作用是把消息加入特定的(Looper)消息队列中，并分发和处理该消息队列中的消息。构造 Handler 时可以指定一个 Looper 对象，如果不指定，则利用当前线程的 Looper 创建。Activity 和 Looper，Handler 之间的关系如图 5-9 所示。

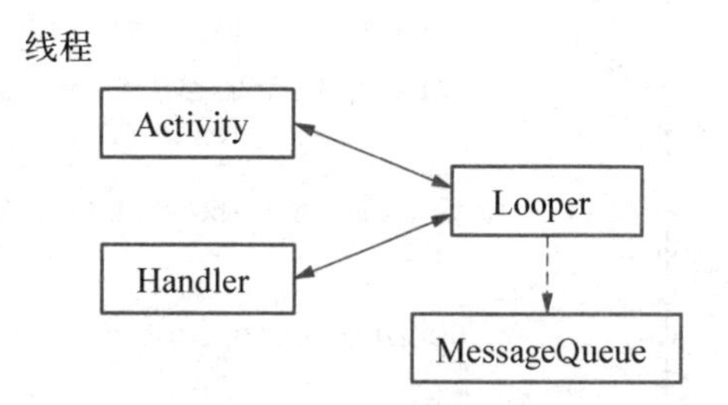

图 5-9　Activity 与 Looper，Handler 的关系

一个 Activity 中可以创建多个工作线程或者其他组件，如果这些线程或者组件把它们的消息放入 Activity 的主线程消息队列，那么该消息就会在主线程中处理。因为主线程一般负责界面的更新操作，并且 Android 系统中的界面控件不是线程安全的，所以这种方式可以很好地实现 Android 界面的更新。在 Android 系统中，这种方式有着广泛的运用。

那么，另外一个线程怎样把消息放入主线程的消息队列呢？答案是通过 Handler 对象，只要 Handler 对象以主线程的 Looper 创建，那么调用 Handler 的 sendMessage 等接口，将会把消息放入主线程的消息队列，并且将会在 Handler 主线程中调用该 Handler 的 handleMessage 接口来处理消息。

下面是一个多任务的简单示例，代码如下：

```
public class MyHandler extends Activity {
    static final String TAG = "Handler";
    Handler h = new Handler(){
        public void handleMessage (Message msg)
        {
            switch(msg.what)
            {
            case HANDLER_TEST:
                Log.d ( TAG," The  handler  thread  id  =  "  +  Thread.
currentThread().getId() + "/n");
                break;
            }
        }
    };
    static final int HANDLER_TEST = 1;
    /** Called when the activity is first created. */
    @Override
    public void onCreate(Bundle savedInstanceState) {
        super.onCreate(savedInstanceState);
        Log.d(TAG,"The main thread id = " + Thread.currentThread().getId
() + "/n");
        new myThread().start();
        setContentView(R.layout.activity_my_handler);
    }
    class myThread extends Thread
    {
        public void run()
        {
            Message msg = new Message();
            msg.what = HANDLER_TEST;
            h.sendMessage(msg);
            Log.d(TAG,"The worker thread id = " + Thread.currentThread().
getId() + "/n");
        }
    }
}
```

程序的运行效果如图 5 - 10 所示。

Android 有两种方式实现多线程操作 UI：

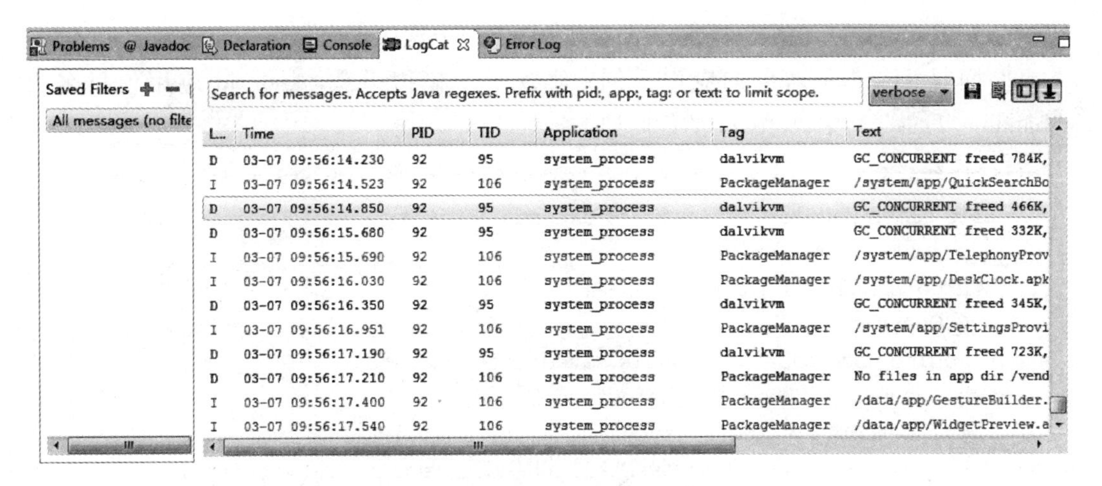

图 5-10 多任务示例的运行效果

(1) 创建线程 Thread,用 Handler 负责线程间的通信和消息;

(2) AsyncTask 异步多任务。

5.5.2 用 Handler 实现多任务

android.os.Handler 是 Android SDK 中处理定时操作的核心类。通过 Handler 类,可以提交和处理一个 Runnable 对象。这个对象的 run 方法可以立刻执行,也可以在指定时间之后执行(称为预约执行)。

一个 Handler 允许发送和处理与线程消息队列有关的消息和 Runnable 对象,并且会关联到主线程的 MessageQueue 中。每个 Handler 具有单独的线程,并且关联到消息队列的线程,就是说一个 Handler 有一个固有的消息队列。当实例化一个 Handler 时,它就承载在一个线程和消息队列的线程,这个 Handler 可以把 Message 或 Runnable 压入消息队列,并且从消息队列中取出 Message 或 Runnable,进而操作它们。

Handler 类有两种主要用途:

(1) 按照时间计划,在未来某时刻处理一个消息或执行某个 runnable 实例;

(2) 把一个对另外线程对象的操作请求放入消息队列,从而避免线程间冲突。

当一个进程启动时,主线程独立执行一个消息队列,该队列管理着应用顶层的对象(如 Activities,BroadcastReceivers 等)和所有创建的窗口。可以创建自己的线程,并通过 Handler 来与主线程进行通信,这可以通过在新的线程中调用主线程 Handler 的 post 和 sendmessage 操作来实现。

使用 post 方法实现多任务的主要步骤如下:

(1) 创建一个 Handler 对象;

(2) 将要执行的操作写在线程对象的 run 方法中;

(3) 使用 post 方法运行线程对象;

(4) 如果需要循环执行,需要在线程对象的 run 方法中再次调用 post 方法。

下面是 Handler 对象的应用示例。实现一个模拟下载,Android 应用项目名为"handler_Test",其中 Activity 的代码如下:

```
public class HandlerTestActivity extends Activity {
    private Button start;
    ProgressDialog dialog = null;
    @Override
    public void onCreate(Bundle savedInstanceState) {
        super.onCreate(savedInstanceState);
        setContentView(R.layout.activity_main);
        dialog = new ProgressDialog(HandlerTestActivity.this);
        dialog.setTitle("下载文件");
        dialog.setMessage("正在下载中...");
        dialog.setProgressStyle(ProgressDialog.STYLE_HORIZONTAL);
        dialog.setIcon(android.R.drawable.ic_input_add);
        dialog.setIndeterminate(false);
        dialog.setCancelable(true);
        start = (Button)findViewById(R.id.start);
        start.setOnClickListener(new Button.OnClickListener()
        {
            public void onClick(View v) {
                dialog.show();
                handler.post(updateThread);
            }
        });
    }
    Handler handler = new Handler()
    {
        public void handleMessage(Message msg)
        {
            dialog.setProgress(msg.arg1);
            handler.post(updateThread);
        }
    };
    Runnable updateThread = new Runnable()
    {
        int i = 0;
        public void run()
        {
            i = i + 1;
            Message msg = handler.obtainMessage();
```

```
            msg.arg1 = i;
            try
            {
                Thread.sleep(100);
            }catch(InterruptedException e)
            {
                e.printStackTrace();
            }
            handler.sendMessage(msg);
            if( i = = 100)
            {
                handler.removeCallbacks(updateThread);
                dialog.dismiss();
                Toast.makeText ( getApplicationContext ( )," 下 载 完 成!",
Toast.LENGTH_SHORT).show();
            }
        }
    };
}
```

程序的运行效果如图 5－11 所示。

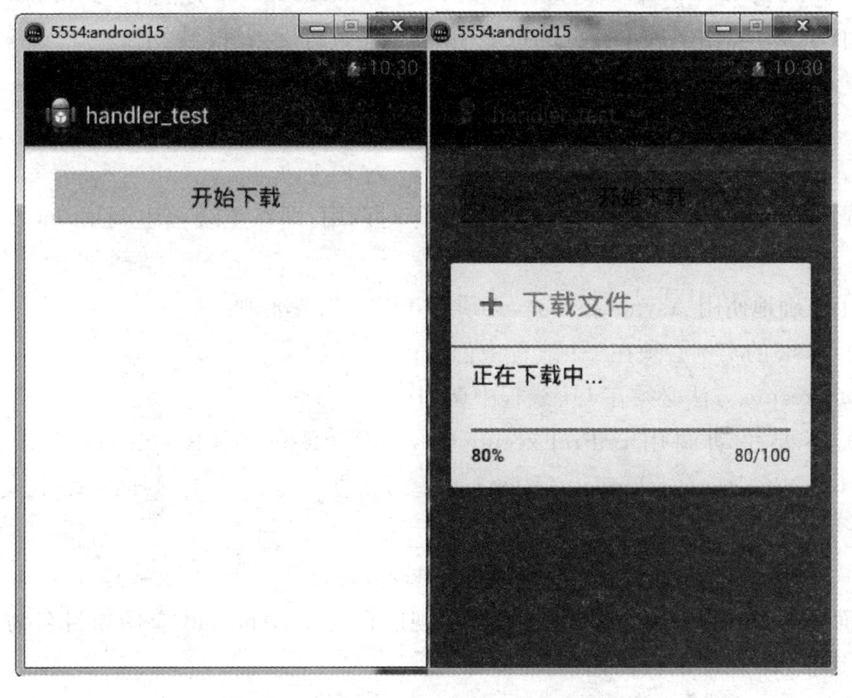

图 5－11　项目 handler_Test 的运行效果

5.5.3 AsyncTask 实现多任务

用 Handler 类来在子线程中更新 UI 线程，虽然避免了在主线程进行耗时计算，但费时的任务操作总会启动一些匿名的子线程，而太多的子线程会给系统带来巨大的负担，并随之会带来一些性能问题。因此，Android 提供了一个工具类 AsyncTask，即异步执行任务。这个 AsyncTask 用于处理一些后台比较耗时的任务，给用户带来良好的用户体验，编程的语法也显得"优雅"许多，不再需要子线程和 Handler 就可以完成异步操作，并且刷新用户界面。

AsyncTask 的执行步骤如下：

(1) 继承 AsyncTask；

(2) 实现 AsyncTask 中定义的一个或几个方法。

AsyncTask 定义的方法如下：

(1) onPreExecute()，该方法将在执行实际的后台操作前被 UI 线程调用。可以在该方法中做一些准备工作，如在界面上显示进度条，或者一些控件的实例化。这个方法可以不用实现。

(2) doInBackground(Params...)，该方法将在 onPreExecute 方法执行后马上执行，运行在后台线程中，主要负责执行那些很耗时的后台处理工作。可以调用 publishProgress 方法来更新实时的任务进度。该方法是抽象方法，子类必须实现。

(3) onProgressUpdate(Progress...)，在 publishProgress 方法被调用后，UI 线程将调用这个方法在界面上展示任务的进展情况(如通过进度条进行展示)。

(4) onPostExecute(Result)，在 doInBackground 执行完成后，onPostExecute 方法将被 UI 线程调用，后台的计算结果将通过该方法传递到 UI 线程，并且在界面上展示给用户。

(5) onCancelled()，在用户取消线程操作时调用，即在主线程中调用 onCancelled() 时调用。

为了正确地使用 AsyncTask 类，必须遵守以下几条准则：

(1) Task 的实例必须在 UI 线程中创建；

(2) Execute 方法必须在 UI 线程中调用；

(3) 不要手动调用 onPreExecute()，onPostExecute(Result)，doInBackground(Params...)，onProgressUpdate(Progress...)等方法，需要在 UI 线程中实例化来调用。

(4) 只能被执行一次，多次调用时将会出现异常。

下面是 AsyncTask 对象应用的示例实现后台技术，Android 应用项目名为"Async_Task"，其中 Activity 的代码如下：

```
public class AsyncTaskActivity extends Activity implements OnClickListener{
    private Button Btn;
    private TextView txt;
    private int count = 0;
    private boolean isRunning = false;
    /** Called when the activity is first created. */
    @Override
    public void onCreate(Bundle savedInstanceState) {
        super.onCreate(savedInstanceState);
        setContentView(R.layout.activity_async_task);
        Btn = (Button)findViewById(R.id.button1);
        txt = (TextView)findViewById(R.id.textView1);
        Btn.setOnClickListener(this);
    }
    public void onClick(View arg0) {
        // TODO Auto-generated method stub
        isRunning = true;
        TimeTickLoad timetick = new TimeTickLoad();
        timetick.execute();
    }
    private class TimeTickLoad extends AsyncTask<Void,Integer,Void> {
        @Override
        protected void onPreExecute() {
            super.onPreExecute();
        }
        @Override
        protected Void doInBackground(Void... arg0) {
            while (isRunning) {
                try {
                    Thread.sleep(1000);
                } catch (InterruptedException e) {
                    // TODO Auto-generated catch block
                    e.printStackTrace();
                }
                count++;
                publishProgress(null);
            }
            return null;
        }
        @Override
```

```
            protected void onProgressUpdate(Integer... values) {
            // TODO Auto-generated method stub
            txt.setText("时间已经过去了" + String.valueOf(count) + "S");
            super.onProgressUpdate(values);
            }
            @Override
            protected void onPostExecute(Void result) {
                super.onPostExecute(result);
            }
        }
}
```

程序的运行效果如图 5 - 12 所示。

图 5 - 12　项目 Async_Task 的运行效果

本章小结

本章主要介绍 Android 应用程序的开发，介绍了 Android 应用程序的构成及相互之间的关系、Android 的事件处理机制（基于监听器的事件处理和基于回调的事件处理）、应用程序消息处理机制（Intent 和 BroadcastReceiver 组件）、Service 组件、Android 实现多任务的方法，并给出各部分使用的具体示例。

第 6 章

Android 中数据的存储和访问

本章要点

通过对本章内容的学习，你应掌握如下内容：

- Android 使用 SharedPreferences 存储数据
- Android 的内部存储和外部存储
- Android 中使用 SQLite 数据库存储
- Android 使用 ContentProvider 存储数据
- Android 网络存储数据

章首引语： 数据存储在开发中是使用最频繁的，任何应用程序都需要通过文件系统存储文件。Android 提供 6 种持久化应用程序数据的选择，这 6 种方式分别在不同情况下使用，具体选择方式依赖于具体的需求。

§6.1 数据存储和访问的简介

任何应用程序都需要通过文件系统存储文件，其他程序可以来读取这些文件，当然，这可能需要设置访问权限。Android 提供了 6 种持久化应用程序数据的选择，具体选择方式依赖于具体的需求，其中可选择的数据存储方案包括：

(1) 共享偏好(shared preferences)，使用键值对的形式保存私有的原始数据；

(2) 内部存储(internal storage),在设备的内存上保存私有的数据;

(3) 外部存储(external storage),在共享的外部存储器上保存公共的数据作为扩充的存储,可以任意移除;

(4) SQLite 数据库,在私有的数据库中保存结构化的数据;

(5) 网络连接(network connection),把数据保存在自己的互联网服务器上;

(6) Android 通过定义内容提供器(content provider),能够把私有数据共享给其他应用程序。

在 Android 中,应用程序的所有数据对其他应用程序都是私有的,其他应用只有通过设置权限才能获取数据。内容提供器是一种开放应用程序数据读写访问权限的可选组件,可以通过这个组件实现私有数据的读写访问。内容提供器提供了请求和修改数据的标准语法、读取返回数据的标准机制。Android 为标准的数据类型提供了内容提供器(如图像、视频和音频文件,以及个人通信录信息)。

§6.2 使用共同偏好的存取数据

当应用程序需要保存配置偏好时,不同软件系统都有对应的解决办法。例如,Microsoft Windows 系统通常采用 ini 文件进行保存,J2EE 应用采用 properties 属性文件或者 XML 文件进行保存。

Android 提供了一种共享偏好(SharedPreference)的存储方式。共享偏好存储方式与 Windows 系统的 ini 配置文件相类似,不同之处是它分为多种权限,可以全局共享访问。共享偏好方式主要用于保存一些常用的配置(如窗口状态)。例如,可以通过保存上一次用户所做的修改或者自定义参数设定,当再次启动程序后依然保持原有设置。

应用程序通常包括允许用户修改应用程序特性和行为的设置功能。例如,一些应用程序允许用户指定通知是否启用或指定多久使用云同步数据。如果想要为应用程序提供设置,可以使用 Android 的 Preference APIs 来构建统一的接口,如图 6-1 所示。

6.2.1 存取共享偏好

共享偏好是一个轻量级机制,使用键值对保存任意类型数据,如布尔型、浮点型、整数型,以及字符串。存储时类似于 Map 的 key-Value 值对。

共享偏好采用 XML 格式将数据保存到设备中,路径为文件存放在 DDMS 的 File Explorer 中的/data/data/<package name>/shares_prefs 下。共享偏好有 3 种模式处理数据:

(1) 私有(MODE_PRIVATE):表示只有创建 SharedPreferences 的程序,才能访问 SharedPreference,这是默认的模式。

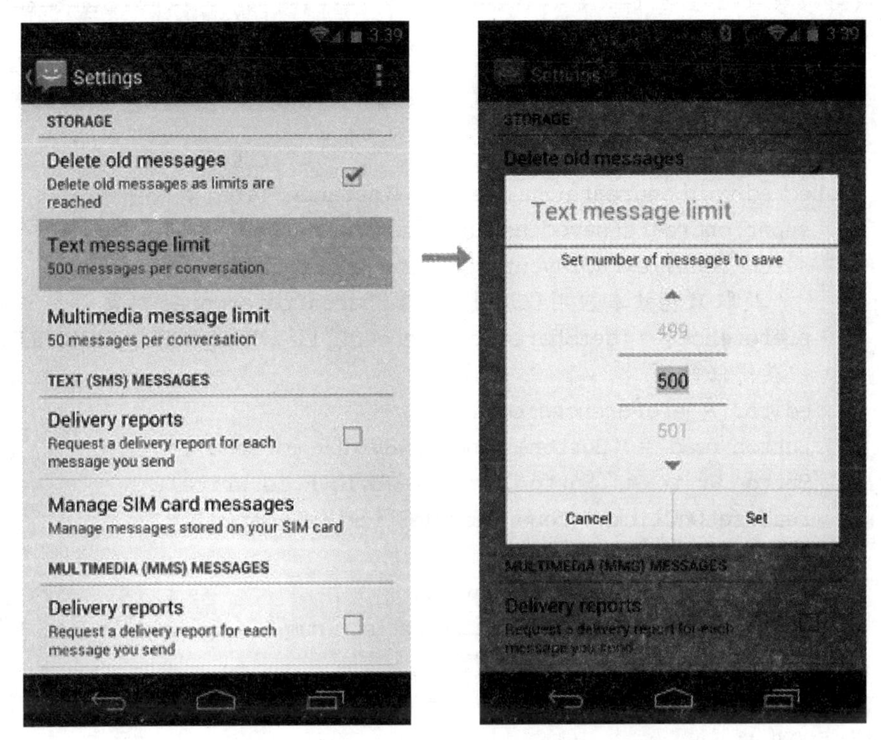

图 6-1 使用 Preference API 创建的配置界面

(2) 全局读(MODE_WORLD_READABLE)：表示其他程序对 SharedPreferences 只有读权限。

(3) 全局写(MODE_WORLD_WRITEABLE)：其他程序同时拥有读和写。

如果应用程序要获得一个 SharedPreferences 对象，有两个方法：

(1) Context. getSharedPreferences(String name, int mode)：其中，name 为本组件的配置文件名；mode 为操作模式，默认的模式为 0 或 MODE_PRIVATE。

(2) Activity. getPreferences(int mode)：配置文件仅可以被调用的 Activity 使用；mode 为操作模式，默认的模式为 0 或 MODE_PRIVATE。

获取 SharedPreferences 对象后，就可以对其进行读和写。

如果要读取共享偏好中的文件信息，只需要直接使用 SharedPreferences 对象的 getXXX()方法即可。如果要写入配置信息，则必须先调用 SharedPreferences 对象的edit()方法，使其处于可编辑状态，然后再调用 putXXX()方法，写入配置信息，最后调用 commit()方法，提交更改后的配置文件。

例 6-1 下面是 SharedPreferences 组件应用的示例，实现使用 SharedPreferences 对象进行读写数据文件。

(1) 建立 Android 应用项目 SharedPreferences_test，在实现 Activity 的 SharePreferenceWriteActivity. java 文件中，实现 SharedPreferences 对象进行读写数据文件。代码如下：

```
public class SharePreferenceWriteActivity extends Activity {
    SharedPreferences preferences;
    SharedPreferences.Editor editor;
    @Override
    protected void onCreate(Bundle savedInstanceState) {
        super.onCreate(savedInstanceState);
        setContentView(R.layout.activity_share_preference_write);
        // 获取只能被本应用程序读、写的 SharedPreferences 对象
        preferences = getSharedPreferences("11",MODE_WORLD_READABLE);
        //获得修改器
        editor = preferences.edit();
        Button read = (Button) findViewById(R.id.read);
        Button write = (Button) findViewById(R.id.write);
        read.setOnClickListener(new OnClickListener(){
            @Override
            public void onClick(View v) {
                int num = preferences.getInt("num",0);String a = num + "";
                //使用 Toast 提示信息
                Toast.makeText(SharePreferenceWriteActivity.this ,  a,
5000) .show();
            }
        });
        write.setOnClickListener(new OnClickListener()
        {
            @Override
            public void onClick(View arg0)
            {
                // 存入一个随机数
                editor.putInt("num",(int) (Math.random() * 100));
                // 提交所有存入的数据
                editor.commit();
            }
        });
    }
}
```

（2）在项目布局文件中，增加两个操作 SharedPreferences 对象的按钮。代码如下：

```
<Button
        android:id="@+id/read"
        android:layout_width="fill_parent"
```

```
        android: layout_height = "wrap_content"
        android: layout_alignParentLeft = "true"
        android: layout_alignParentTop = "true"
        android: text = "@string/read" />
<Button
        android: id = "@ + id/write"
        android: layout_width = "fill_parent"
        android: layout_height = "wrap_content"
        android: layout_alignParentLeft = "true"
        android: layout_below = "@ + id/read"
        android: text = "@string/write" />
```

(3) 在系统资源文件 string. xml 中,增加如下内容:

```
<string name = "read">读共享偏好</string>
<string name = "write">写共享偏好</string>
```

(4) 程序在模拟器中的运行效果如图 6 - 2 所示。

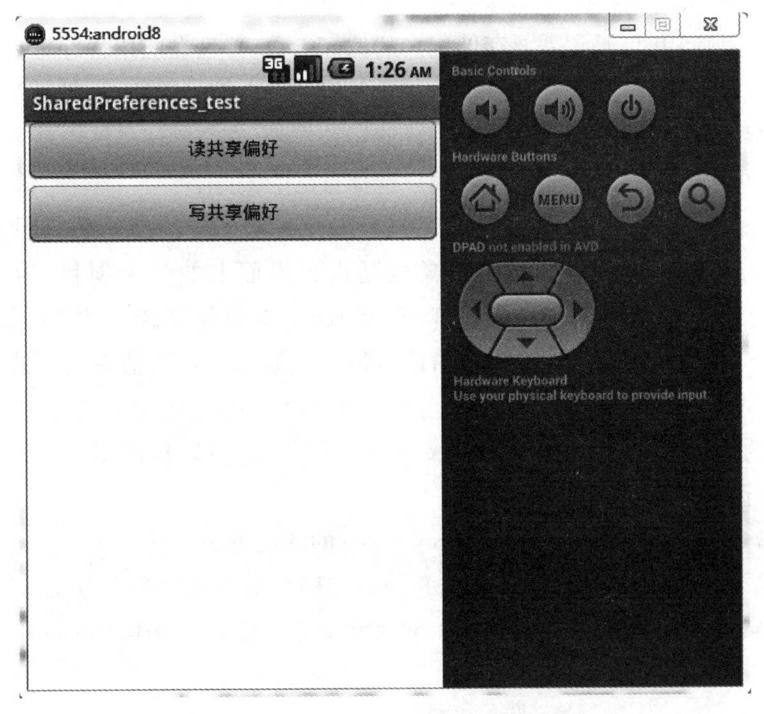

图 6 - 2 SharedPreferences_test 的运行界面

（5）SharedPreferences_test 的读写文件位置可参见图 6－3。

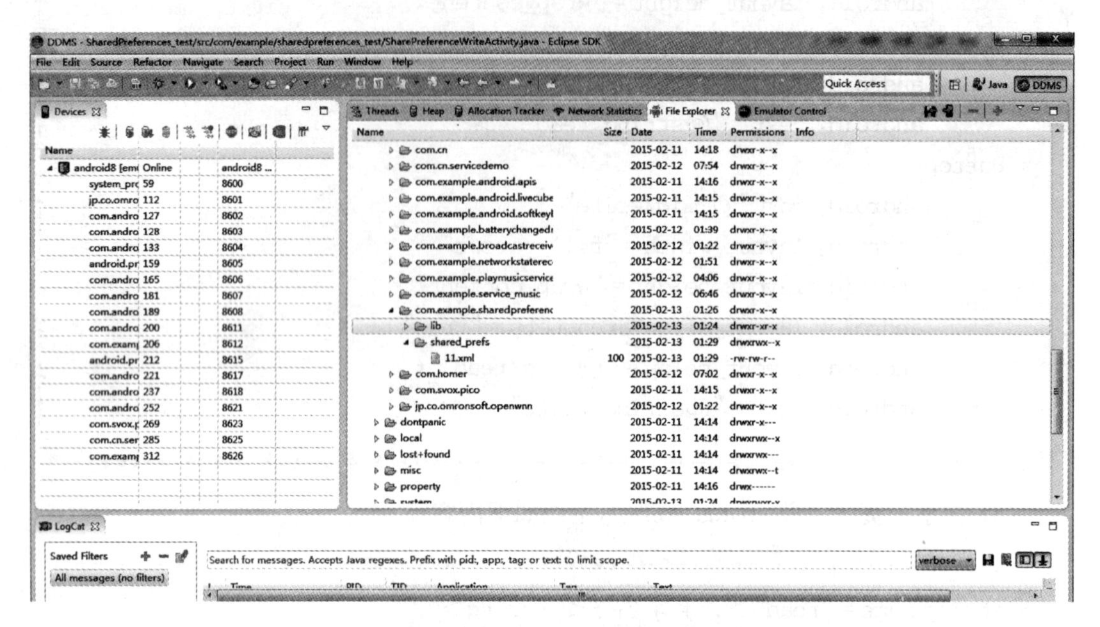

图 6－3　SharedPreferences_test 的读写文件位置

6.2.2　Preference 框架

当开发移动应用时，通常需要存储用户的偏好参数，并且在应用程序运行时使用这些参数。由于这是一个经常性的应用模式，谷歌创建了一个偏好框架，提供一种机制能够使开发者容易显示、保存和操作用户的偏好。使用该框架，在 XML 文件中就可以定义丰富的用户界面，可以通过设置界面来帮助用户选择自己的偏好。

设置界面是由偏好对象构建的，都是 Preference 的子类。一个偏好设置界面由一个或多个偏好对象组成。每个偏好对象就是设置界面上的一个项目，为用户提供适合界面、改变偏好设置。例如，CheckBoxPreference 对象是复选框类型的设置界面，而 ListPreference 提供了一个单选的模态窗体。每一个偏好都以键值对的形式保存在应用程序默认的 SharedPreference 文件中。当用户改变设置时，系统会更新 SharedPreference 文件中对应的值。读取 SharedPreference 文件中的数据，可以根据用户的共享数据改变应用程序的行为。

例 6－2　下面是 Android 中 ListPreference 的使用方法。

（1）建立 Android 应用项目 ListPreference，选择 Android SDK 为 3.0 以上，在实现 Activity 的 MyPreferencesActivity. java 文件中，实现使用 ListPreference 对象。代码如下：

```
public class MyPreferencesActivity extends PreferenceActivity implements
OnPreferenceChangeListener{
    ListPreference lp;//创建一个 ListPreference 对象
    @Override
    protected void onCreate(Bundle savedInstanceState) {
        super.onCreate(savedInstanceState);
        addPreferencesFromResource(R.xml.mylistpreference);
        lp = (ListPreference)findPreference(getString(R.string.key_str));
         //设置获取 ListPreference 中发生的变化
        lp.setOnPreferenceChangeListener((OnPreferenceChangeListener) this);
        lp.setSummary(lp.getEntry());
        }
    @Override
    public boolean onPreferenceChange(Preference preference,Object newValue)
    {
      // TODO Auto-generated method stub
      if(preference instanceof ListPreference)
      {
         //把 preference 这个 Preference 强制转化为 ListPreference 类型
         ListPreference listPreference = (ListPreference)preference;
         //获取 ListPreference 中的实体内容
         CharSequence[] entries = listPreference.getEntries();
         //获取 ListPreference 中的实体内容的下标值
         int index = listPreference.findIndexOfValue((String)newValue);
         //把 listPreference 中的摘要显示为当前 ListPreference 的实体内容
中选择的那个项目
         listPreference.setSummary(entries[index]);
      }
     return true;
     }
}
```

(2) 在系统资源文件 string.xml 中，增加如下内容：

```
<string name = "key_str">key</string>
    <string name = "title_str">你最喜欢的蔬菜</string>
    <string name = "title_listpreference">选择蔬菜</string>
```

```
<string-array name = "entries_str">
    <item >白菜</item>
    <item >萝卜</item>
    <item >豆芽</item>
    <item >芹菜</item>
</string-array>
<string-array name = "entries_values_str">
    <item >baicai</item>
    <item >luobu</item>
    <item >douya</item>
    <item >qincai</item>
</string-array>
<string name = "default_str">baicai</string>
<string name = "dialog_title">请选择你喜欢的蔬菜</string>
<string name = "summary_str">白菜</string>
```

(3) 在 res 目录下建立目录 xml,建立文件 mylistpreference. xml,内容如下:

```
<? xml version = "1.0" encoding = "utf-8"? >
<PreferenceScreen xmlns: android = "http://schemas. android. com/apk/res/
android" >
    <PreferenceCategory android: title = "@string/title_str">
        <ListPreference
            android: key = "@string/key_str"
            android: title = "@string/title_listpreference"
            android: entries = "@array/entries_str"
            android: entryValues = "@array/entries_values_str"
            android: dialogTitle = "@string/dialog_title"
            android: defaultValue = "@string/default_str"
            android: summary = "@string/summary_str"
            />
    </PreferenceCategory>
</PreferenceScreen>
```

(4) 程序在模拟器中的运行效果如图 6-4 所示。

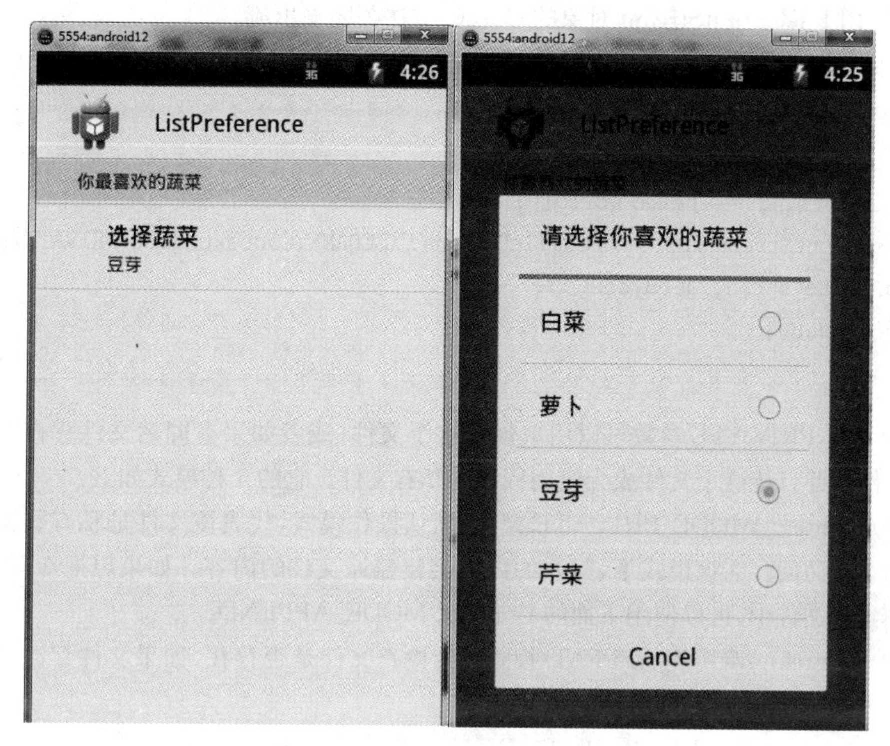

图 6-4　ListPreference 的运行界面

§6.3　文件读取和保存

有些应用程序(如照相机产生的图片文件)可以被其他应用使用,当需要对文件操作时,要根据应用的目的选择内部存储或是外部存储。一般来说,应用程序都会使用两个文件夹:一种在内部存储上,用来存放私有数据;还有一种是在扩展存储上,用来保存公共数据。

6.3.1　内部存储

能够把文件直接保存在设备的内部存储器上,在默认情况下,保存在内部存储器上的文件是应用程序的私有数据,其他应用程序(或用户)不能访问它们。当用户卸载应用程序时,这些文件也会被删除。

在内部存储器中创建并写入私有文件的方法如下:

(1) 调用 openFileOutput 方法,这个方法需要指定文件的名称和操作模式,它会返回一个 FileOutputStream 对象。

(2) 用 FileOutputStream 对象的 write()方法把数据写入文件。

(3) 用 FileOutputStream 对象的 close()方法关闭输出流。

下面给出写入内部存储的代码：

```
String FILENAME = "hello_file";
String string = "hello world!";
FileOutputStream fos = openFileOutput(FILENAME,Context.MODE_PRIVATE);
fos.write(string.getBytes());
fos.close();
```

MODE_PRIVATE 参数可以用来创建这个文件(或者如果有同名文件存在，则会替换旧文件)，并且让这个文件成为应用程序的私有文件。它的 4 种模式如下：

(1) Context. MODE_PRIVATE 模式：默认操作模式，代表该文件是私有数据，只能被应用本身访问。在该模式下，写入的内容会覆盖原文件的内容。如果想把新写入的内容追加到原文件中，可以使用下面的 Context. MODE_APPEND。

(2) Context. MODE_APPEND 模式：会检查文件是否存在，如果文件存在，就向文件追加内容，否则就创建新文件。

(3) Context. MODE_WORLD_READABLE 模式和 Context. MODE_WORLD_WRITEABLE 模式：用来控制其他应用是否有权限读写该文件。

与在内部存储器中创建并写入文件相对应，以下是从内部存储器中读取文件的方法：

(1) 调用 openFileInput()方法，把要读取的文件名传递给这个方法，它会返回一个 FileInputStream 对象。

(2) 用 FileInputStream 对象的 read()方法从文件中读取字节。

(3) 用 FileInputStream 对象的 close()方法关闭输入流。

内部文件保存的目录为/data/data/<package name>/files/。

6.3.2 扩展存储

每个 Android 兼容的设备都支持用于保存文件的共享外部存储器。这个存储器可以是一种可移动的存储介质(如 SD 卡)，或是内部的(不可移动的)存储器。被保存在外部存储器上的文件完全共享，并且在启用 USB 存储、把文件传输到计算机上时，用户能够修改这些文件。

如果将文件保存到扩展存储，首先需要获得扩展存储的权限，在 AndroidManifest.xml 中加入访问 SDCard 的权限如下：

```
<!-- 在SDCard中创建与删除文件权限 -->
<uses-permission
android:name="android.permission.MOUNT_UNMOUNT_FILESYSTEMS"/>
<!-- 往SDCard写入数据权限 -->
<uses-permission
android:name="android.permission.WRITE_EXTERNAL_STORAGE"/>
```

在用外部存储器工作之前，应该始终调用 getExternalStorageState()方法，来检查存储介质是否可用，并且可以进行读写。

```
if (Environment.getExternalStorageState().equals(Environment.MEDIA_
MOUNTED)){
    File sdCardDir = Environment.getExternalStorageDirectory();//获取
SDCard目录
    File saveFile = new File(sdCardDir,"a.txt");
    FileOutputStream outStream = new FileOutputStream(saveFile);
    outStream.write("test".getBytes());
    outStream.close();
}
```

Environment.getExternalStorageState()方法用于获取 SD 卡的状态。如果手机装有 SD 卡，并且可以进行读写，那么方法返回的状态等于 Environment.MEDIA_MOUNTED。

Environment.getExternalStorageDirectory()方法用于获取 SD 卡的目录，当然获取 SD 卡的目录时也可以写入下面的代码：

```
File sdCardDir = new File("/sdcard"); //获取SDCard目录
File saveFile = new File(sdCardDir,"itcast.txt");
```

上面的两句代码还可以合并如下：

```
File saveFile = new File("/sdcard/a.txt");
FileOutputStream outStream = new FileOutputStream(saveFile);
outStream.write("test".getBytes());
outStream.close();
```

§6.4 存取结构化数据

Android 通过 SQlite 数据库引擎来实现结构化数据存储，提供了对 SQLite 数据的完全支持。在应用中创建的任何数据库都能够通过类名来访问，但在应用程序的外部不能访问。

Android 系统通过 SQLiteDataBase 类来对 SQLite 数据库进行访问，该类封装了一些操作数据库的 API，使用该类可以完成对 SQLite 中数据库进行添加(Create)、查询(Retrieve)、更新(Update)和删除(Delete)操作。

6.4.1 SQLite 简介

SQLite 是一款开源的、轻量级的、嵌入式的、关系型的数据库，在 2000 年由 D. Richard Hipp 发布，可以支援 Java，Net，PHP，Ruby，Python，Perl，C 等几乎所有现代编程语言，支持 Windows，Linux，Unix，Mac OS，Android，IOS 等几乎所有主流操作系统平台。目前发布的版本是 SQLite3.7.17，简称为 SQLite3。

SQLite 的特性如下：

(1) 数据库事务正确执行的 4 个要素 ACID，即原子性(atomicity)、一致性(consistency)、隔离性(isolation)、持久性(durability)；

(2) 零配置，无需安装和管理配置；

(3) 储存在单一磁盘文件中的一个完整的数据库；

(4) 数据库文件可以在不同字节顺序的机器间自由共享；

(5) 支持数据库大小至 2TB；

(6) 足够小(250K)，大致 3 万行 C 代码；

(7) 与流行的数据库相比，在大部分普通数据库的操作较快；

(8) 简单、轻松的 API；

(9) 包含 TCL 绑定，同时通过 Wrapper 支持其他语言绑定；

(10) 有良好注释的源代码，并且有 90%以上的测试覆盖率；

(11) 独立，没有额外依赖；

(12) Source 完全开放，可以用于任何用途(包括出售)；

(13) 支持多种开发语言(C，PHP，Perl，Java，ASP. NET，Python 等)。

6.4.2 操作 SQLite 数据库

Android 在运行时集成了 SQLite，所以每个 Android 应用程序都可以使用 SQLite

数据库。

Java 数据库连接(Java data base connectivity,JDBC)会消耗太多的系统资源,所以,对于手机这种内存受限设备来说 JDBC 并不合适。Android 提供了新的 API 来使用 SQLite 数据库,因此在 Android 开发过程中,程序员需要学会使用这些 API。

数据库存储在 data/<项目文件夹>/databases/。Android 开发中使用 SQLite 数据库,Activites 可以通过 ContentProvider 或者 Service 访问一个数据库。

下面通过示例来学习,相关讲解都写入代码的注释内。

(1) 新建一个项目 HelloSqlite,Activity 起名为“MainHelloSqlite.java”。

(2) 编写用户界面 res/layout/main.xml,准备增(insert)、删(delete)、改(update)、查(select)4 个按钮,准备下拉列表 spinner,并显示表中的数据。

```
<? xml version = "1.0" encoding = "utf-8"? >
<LinearLayout xmlns: android = "http://schemas.android.com/apk/res/android"
    android: layout_width = "match_parent"
    android: layout_height = "match_parent"
    android: orientation = "vertical" >
    <TextView
        android: layout_width = "wrap_content"
        android: layout_height = "wrap_content"
        android: textSize = "20sp"
        android: layout_marginTop = "5dp"
        android: id = "@ + id/TextView01"
        android: text = "SQLite 基本操作" />
    <Button android: layout_height = "wrap_content"
            android: layout_width = "wrap_content"
            android: textSize = "20sp"
            android: layout_marginTop = "5dp"
            android: id = "@ + id/Button01"
            android: text = "增 | insert"
            android: minWidth = "200dp"/>
    <Button android: layout_height = "wrap_content"
            android: layout_width = "wrap_content"
            android: textSize = "20sp"
            android: layout_marginTop = "5dp"
            android: id = "@ + id/Button02"
            android: text = "删 | delete"
            android: minWidth = "200dp"/>
```

```
<Button android:layout_height="wrap_content"
        android:layout_width="wrap_content"
        android:textSize="20sp"
        android:layout_marginTop="5dp"
        android:id="@+id/Button03"
        android:text="改 | update"
        android:minWidth="200dp"/>
<Button android:layout_height="wrap_content"
        android:layout_width="wrap_content"
        android:textSize="20sp"
        android:layout_marginTop="5dp"
        android:id="@+id/Button04"
        android:text="查 | select"
        android:minWidth="200dp"/>
<Spinner android:layout_height="wrap_content"
         android:layout_width="wrap_content"
         android:layout_marginTop="5dp"
         android:id="@+id/Spinner01"
         android:minWidth="200dp"/>
<TextView android:layout_height="wrap_content"
          android:layout_width="wrap_content"
          android:textSize="20sp"
          android:layout_marginTop="5dp"
          android:id="@+id/TextView02"/>
</LinearLayout>
```

(3) 在 MainHeloSqlite.java 的同目录中新建一个数据库操作辅助类 DbHelper.java，内容如下：

```
public class DbHelper extends SQLiteOpenHelper {
    public DbHelper(Context context,String name,CursorFactory factory,int
version)
    {
        super(context,name,factory,version);
    }
    @Override
    //辅助类建立时运行该方法
    public void onCreate(SQLiteDatabase db) {
```

```
            // TODO Auto-generated method stub
          String sql = "CREATE  TABLE pic (_id INTEGER PRIMARY KEY  AUTOINCREMENT
NOT NULL ,fileName VARCHAR,description VARCHAR)";
            db.execSQL(sql);
        }
        @Override
        public void onUpgrade (SQLiteDatabase db, int oldVersion, int
newVersion) {
            // TODO Auto-generated method stub
        }
}
```

(4) MainHelloSqlite.java 的内容如下:

```
public class MainHelloSqlite extends Activity {
    SQLiteDatabase db;  //SQLiteDatabase 对象
    public String db_name = "gallery.sqlite"; //数据库名
    public String table_name = "pic"; //表名
    final DbHelper helper = new DbHelper(this,db_name,null,1); //辅助类名
    @Override
    protected void onCreate(Bundle savedInstanceState) {
        super.onCreate(savedInstanceState);
        setContentView(R.layout.main);
        //UI 组件
        Button b1 = (Button) findViewById(R.id.Button01);
        Button b2 = (Button) findViewById(R.id.Button02);
        Button b3 = (Button) findViewById(R.id.Button03);
        Button b4 = (Button) findViewById(R.id.Button04);
        db = helper.getWritableDatabase();//从辅助类获得数据库对象
        initDatabase(db); //初始化数据
        updateSpinner();//更新下拉列表中的数据
        //定义按钮点击监听器
        OnClickListener ocl = new OnClickListener() {
            @Override
            public void onClick(View v) {
                //ContentValues 对象
                ContentValues cv = new ContentValues();
                switch (v.getId()) {
```

```
                //添加按钮
                case R.id.Button01:
                    cv.put("fileName","pic5.jpg");
                    cv.put("description","图片5");
                    //添加方法
                    long long1 = db.insert("pic","",cv);
                    //添加成功后返回行号,失败后返回-1
                    if (long1 == -1) {
                        Toast.makeText(MainHelloSqlite.this,"ID是" +
long1 + "的图片添加失败!",Toast.LENGTH_SHORT).show();
                    } else {
                        Toast.makeText(MainHelloSqlite.this,"ID是" +
long1 + "的图片添加成功!",Toast.LENGTH_SHORT).show();
                    }
                    //更新下拉列表
                    updateSpinner();
                    break;
                    //删除描述是'图片5'的数据行
                case R.id.Button02:
                    //删除方法
                    long long2 = db.delete("pic","description='图片5'",null);
                    //删除失败返回0,成功则返回删除的条数
                    Toast.makeText(MainHelloSqlite.this,"删除了" + long2 + "
条记录",Toast.LENGTH_SHORT).show();
                    //更新下拉列表
                    updateSpinner();
                    break;
                    //更新文件名是'pic5.jpg'的数据行
                case R.id.Button03:
                    cv.put("fileName","pic0.jpg");
                    cv.put("description","图片0");
                    //更新方法
                    int long3 = db.update("pic",cv,"fileName='pic5.jpg'",null);
                    //删除失败返回0,成功则返回删除的条数
                    Toast.makeText(MainHelloSqlite.this,"更新了" + long3 +
"条记录",Toast.LENGTH_SHORT).show();
                    //更新下拉列表
                    updateSpinner();
                    break;
                    //查询当前所有数据
```

```
                    case R.id.Button04:
                        Cursor c = db.query("pic",null,null,null,null,null,null);
                        //cursor.getCount()是记录条数
                        Toast.makeText(MainHelloSqlite.this,"当前共有" + c.
getCount() + "条记录,下面一一显示:",Toast.LENGTH_SHORT).show();
                        //循环显示
                        for(c.moveToFirst();! c.isAfterLast();c.moveToNext()){
                            Toast.makeText(MainHelloSqlite.this,"第" + c.getInt
(0)+"条数据,文件名是" + c.getString(1) + ",描述是"+c.getString(2),
Toast.LENGTH_SHORT).show();
                        }
                        //更新下拉列表
                        updateSpinner();
                        break;
                    }
            }
    };
    //给按钮绑定监听器
    b1.setOnClickListener(ocl);
    b2.setOnClickListener(ocl);
    b3.setOnClickListener(ocl);
    b4.setOnClickListener(ocl);
}
  //初始化表
public void initDatabase(SQLiteDatabase db) {
    ContentValues cv = new ContentValues();
    cv.put("fileName","pic1.jpg");
    cv.put("description","图片 1");
    db.insert(table_name,"",cv);
    cv.put("fileName","pic2.jpg");
    cv.put("description","图片 2");
    db.insert(table_name,"",cv);
    cv.put("fileName","pic3.jpg");
    cv.put("description","图片 3");
    db.insert(table_name,"",cv);
    cv.put("fileName","pic4.jpg");
    cv.put("description","图片 4");
    db.insert(table_name,"",cv);
}
```

```
//更新下拉列表
public void updateSpinner() {
    //定义 UI 组件
    final TextView tv = (TextView) findViewById(R.id.TextView02);
    Spinner s = (Spinner) findViewById(R.id.Spinner01);
    //从数据库中获取数据放入游标 Cursor 对象
    final Cursor cursor = db.query("pic",null,null,null,null,null,
null);
    //创建简单游标匹配器
    SimpleCursorAdapter adapter = new SimpleCursorAdapter(this,android.
R.layout.simple_spinner_item,cursor,new String[] {
          "fileName","description" },new int[] { android.R.id.text1,
android.R.id.text2 });
          adapter.setDropDownViewResource(android.R.layout.simple_spinner_
dropdown_item);
        //给下拉列表设置匹配器
        s.setAdapter(adapter);
        //定义子元素选择监听器
        OnItemSelectedListener oisl = new OnItemSelectedListener() {
            @Override
            public void onItemSelected(AdapterView<?> parent, View
            view,int position,long id) {
                cursor.moveToPosition(position);
                tv.setText("当前 pic 的描述为:" + cursor.getString(2));
            }
            @Override
            public void onNothingSelected(AdapterView<?> parent) {
        }
    };
    s.setOnItemSelectedListener(oisl); //给下拉列表绑定子元素选择监听器
}
//窗口销毁时删除表中数据
@Override
public void onDestroy() {
    super.onDestroy();
    db.delete(table_name,null,null);
    updateSpinner();
}
```

（5）程序在模拟器的运行效果如图 6－5 所示，数据库存储位置可参见图 6－6。

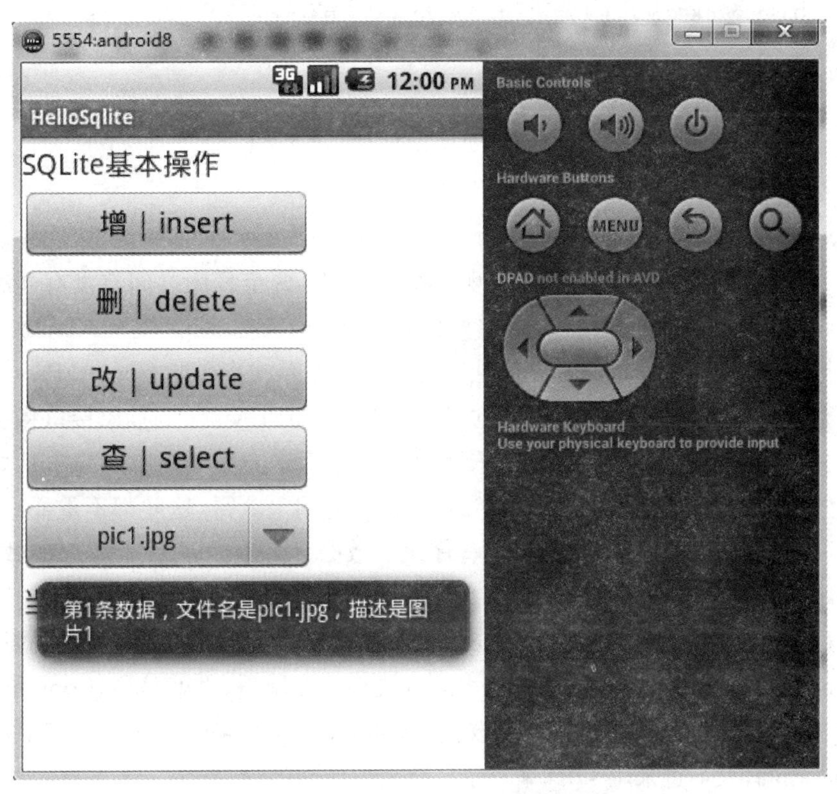

图 6－5　SQLite 示例的运行效果

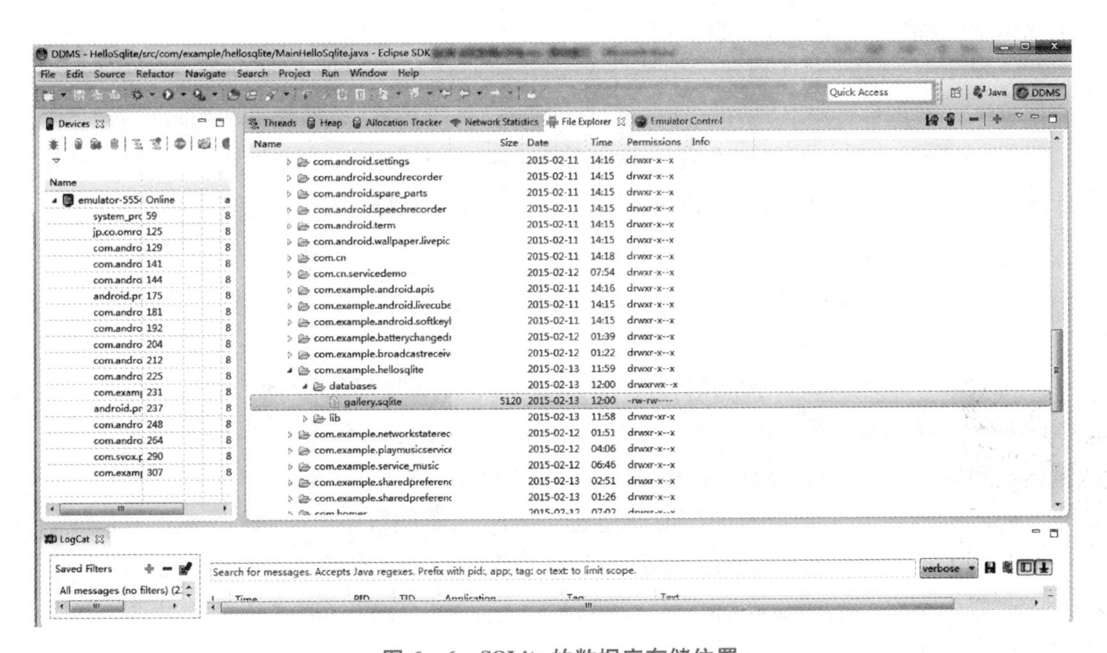

图 6－6　SQLite 的数据库存储位置

本例使用 SQLiteDatabase 已经封装好的 insert,delete,update,query 方法,也可以用 SQLiteDatabase 的 execSQL()方法和 rawQuery()方法来实现。

§6.5 内容提供者

Android 系统和其他操作系统不同,在 Android 中数据是私有的,当然这些数据包括文件数据、数据库数据以及一些其他类型的数据,那么,两个程序之间有没有办法进行数据交换? Android 对这个问题的解决主要依赖 ContentProvider。一个 ContentProvider 类实现一组标准的方法接口,从而能够让其他的应用保存或读取此 ContentProvider 的各种数据类型。也就是说,一个程序可以通过实现 ContentProvider 的抽象接口将自己的数据暴露出去。外界根本看不到、也不用看到这个应用暴露的数据在应用当中是如何存储的,比如是用数据库存储,还是用文件存储,或是通过网上获得,这些都不重要,重要的是外界可以通过这套标准及统一的接口与程序里的数据打交道,可以读取程序的数据,也可以删除程序的数据,当然,这中间也会涉及权限的问题。

一个程序可以通过实现 ContentProvider 的抽象接口将自己的数据完全暴露出去,而且 ContentProviders 是以类似数据库中表的方式将数据暴露,也就是说,ContentProvider 本身就像一个"数据库"。那么,外界获取其提供的数据也就应该与从数据库中获取数据的操作基本相同,只不过采用 URI 来表示外界需要访问的"数据库"。

ContentProvider 提供了一种多应用间数据共享的方式。例如,联系人信息可以被多个应用程序访问。

ContentProvider 是实现了一组用于提供其他应用程序存取数据的标准方法的类。应用程序可以在 ContentProvider 中执行查询数据、修改数据、添加数据和删除数据。

Android 提供了一些已经在系统中实现的标准 ContentProvider(如联系人信息、图片库等),所以,可以用这些 ContentProvider 来访问设备上存储的联系人信息、图片等。

6.5.1 查询记录

在 ContentProvider 中使用的查询字符串有别于标准的 SQL 查询。诸如 select,add,delete,modify 等操作都使用一种特殊的 URI 来进行,这种 URI 包括"content://"(代表数据的路径)和一个可选的标识数据的 ID。下面给出一些示例 URI:

- content://media/internal/images,这个 URI 将返回设备上存储的所有图片;
- content://contacts/people/,这个 URI 将返回设备上的所有联系人信息;
- content://contacts/people/45,这个 URI 返回单个结果(联系人信息中 ID 为 45 的联系人记录)。

尽管这种查询字符串格式很常见,但它看起来还是有点令人迷惑,为此,Android 提供一系列的帮助类(在android.provider包下),里面包含很多以类变量形式给出的查询字符串。这种方式更容易理解,可参见下例:

```
MediaStore.Images.Media.INTERNAL_CONTENT_URI
Contacts.People.CONTENT_URI
```

因此,上面的 content://contacts/people/45 这个 URI 就可以写成如下的形式:

```
Uri person = ContentUris.withAppendedId(People.CONTENT_URI,45);
```

然后执行数据查询:

```
Cursor cur = managedQuery(person,null,null,null);
```

这是一个查询返回包含所有数据字段的游标,可以通过迭代这个游标来获取所有的数据。

如何依次读取联系人信息表中的指定数据列 name 和 number,代码如下:

```
public class ContentProviderDemo extends Activity {
  @Override
    public void onCreate(Bundle savedInstanceState) {
      super.onCreate(savedInstanceState);
      setContentView(R.layout.main);
      displayRecords();
    }
   private void displayRecords() {
      //该数组中包含了所有要返回的字段
      String columns[] = new String[] { People.NAME,People.NUMBER };
      Uri mContacts = People.CONTENT_URI;
      Cursor cur = managedQuery(  mContacts,
          columns,  // 要返回的数据字段
          null,     // WHERE 子句
          null,     // WHERE 子句的参数
          null      // Order-by 子句
      );
      if (cur.moveToFirst()) {
```

```
            String name = null;
            String phoneNo = null;
            do {
               // 获取字段的值
            name = cur.getString(cur.getColumnIndex(People.NAME));
            phoneNo = cur.getString(cur.getColumnIndex(People.NUMBER));
            Toast.makeText(this,name + " " + phoneNo,Toast.LENGTH_LONG).
show();
            } while (cur.moveToNext());
        }
    }
}
```

6.5.2 修改记录

可以使用 ContentResolver.update()方法来修改数据,代码如下:

```
private void updateRecord(int recNo,String name) {
    Uri uri = ContentUris.withAppendedId(People.CONTENT_URI,recNo);
    ContentValues values = new ContentValues();
    values.put(People.NAME,name);
    getContentResolver().update(uri,values,null,null);
}
```

现在可以调用上面的方法来更新指定记录:updateRecord(10,"XYZ"); //更改第10条记录的 name 字段值为"XYZ"。

6.5.3 添加记录

要增加记录可以调用 ContentResolver.insert()方法,该方法接受一个要增加记录的目标 URI,以及一个包含新记录值的 Map 对象,调用后的返回值是新记录的 URI(包含记录号)。

上面的示例都是基于联系人信息簿这个标准的 ContentProvider,现在继续来创建一个 insertRecord()方法,以便对联系人信息簿进行数据的添加。

```
private void insertRecords(String name,String phoneNo) {
    ContentValues values = new ContentValues();
    values.put(People.NAME,name);
    Uri uri = getContentResolver().insert(People.CONTENT_URI,values);
    Log.d("ANDROID",uri.toString());
    Uri numberUri = Uri.withAppendedPath(uri,People.Phones.CONTENT_
DIRECTORY);
    values.clear();
    values.put(Contacts.Phones.TYPE,People.Phones.TYPE_MOBILE);
    values.put(People.NUMBER,phoneNo);
    getContentResolver().insert(numberUri,values);
}
```

这样就可以调用 insertRecords(name,phoneNo)的方法,来向联系人信息簿中添加联系人的姓名和电话号码。

6.5.4 删除记录

ContentProvider 中的 getContextResolver.delete()方法可以用来删除记录。

下面的代码用来删除设备上所有的联系人信息:

```
private void deleteRecords()
{
    Uri uri = People.CONTENT_URI;
    getContentResolver().delete(uri,null,null);
}
```

也可以指定 WHERE 条件语句来删除特定的记录:

```
getContentResolver().delete(uri,"NAME = " + "'XYZ XYZ'",null);
```

这将会删除 name 为"XYZ XYZ"的记录。

6.5.5 创建 ContentProvider

至此我们已经知道如何使用 ContentProvider,现在来看如何自己创建一个

ContentProvider。创建 Content Provider 需要遵循以下步骤：

(1) 创建一个继承 ContentProvider 父类的类。

(2) 定义一个名为“CONTENT_URI”，并且是 public static final 的 Uri 类型的类变量，必须为其指定唯一的字符串值，最好是类的全名称。例如：

```
public static final Uri CONTENT_URI = Uri.parse( "content://com.google.
android.MyContentProvider");
```

(3) 创建数据存储系统。大多数 ContentProvider 使用 Android 文件系统或 SQLite 数据库来保持数据，但是也可以用任何想要的方式来存储。

(4) 定义要返回客户端的数据列名。如果正在使用 Android 数据库，数据列的使用方式就和以往所熟悉的其他数据库一样。但是，必须为其定义一个叫“_id”的列，它用来表示每条记录的唯一性。

(5) 如果要存储字节型数据(如位图文件等)，那么，保存该数据的数据列其实是一个表示实际保存文件的 URI 字符串。客户端通过它来读取对应的文件数据，处理这种数据类型的 ContentProvider 需要实现一个名为“_data”的字段，_data 字段列出该文件在 Android 系统的精确路径。这个字段不仅供客户端使用，也可以供 ContentResolver 使用。客户端可以调用 ContentResolver. openOutputStream( )方法来处理该 URI 指向的文件资源。如果是 ContentResolver 本身的话，由于其持有的权限比客户端要高，所以它能直接访问该数据文件。

(6) 声明 public static String 型的变量，用于指定要从游标处返回的数据列。

(7) 查询返回一个 Cursor 类型的对象。所有执行写操作的方法，如 insert( )，update( )以及 delete( )，都将被监听。可以通过使用 ContentResover( ). notifyChange( ) 方法来通知监听器关于数据更新的信息。

(8) 在 AndroidMenifest. xml 中使用标签来设置 ContentProvider。

(9) 如果要处理的数据类型是一种比较新的类型，就必须先定义一个新的 MIME 类型，以供 ContentProvider. geType(url)来返回。

MIME 类型有两种形式：

一种为指定的单个记录，还有一种为多条记录。这里给出常用的格式：① vnd. android. cursor. item/vnd. yourcompanyname. contenttype (单个记录的 MIME 类型)。例如，一个请求列车信息的 URI content://com. example. transportationprovider/trains/122，可能就会返回 typevnd. android. cursor. item/vnd. example. rail 这样一个 MIME 类型。② vnd. android. cursor. dir/vnd. yourcompanyname. contenttype (多个记录的 MIME 类型)。例如，一个请求所有列车信息的 URI content://com. example. transportationprovider/trains，可能就会返回 vnd. android. cursor. dir/vnd. example. rail 这样一个 MIME 类型。

下列代码将创建一个 ContentProvider，它仅仅是存储用户名称，并显示所有的用户名称(使用SQLLite数据库存储这些数据)。

```
public class MyUsers {
    public static final String AUTHORITY  = "com.wissen.MyContentProvider";
    // BaseColumn 类中已经包含了 _id 字段
    public static final class User implements BaseColumns {
        public static final Uri CONTENT_URI  = Uri.parse("content://com.
wissen.MyContentProvider");
        // 表数据列
        public static final String  USER_NAME  = "USER_NAME";
    }
}
```

上面的类中定义了 ContentProvider 的 CONTENT_URI 以及数据列。下面将基于上面的类来定义实际的 Content Provider 类。

```
public class MyContentProvider extends ContentProvider {
    private SQLiteDatabase sqlDB;
    private DatabaseHelper dbHelper;
    private static final String DATABASE_NAME = "Users.db";
    private static final int DATABASE_VERSION = 1;
    private static final String TABLE_NAME = "User";
    private static final String TAG = "MyContentProvider";
    private static class DatabaseHelper extends SQLiteOpenHelper {
        DatabaseHelper(Context context) {
            super(context,DATABASE_NAME,null,DATABASE_VERSION);
        }
        @Override
        public void onCreate(SQLiteDatabase db) {
            //创建用于存储数据的表
            db.execSQL("Create table " + TABLE_NAME + "( _id INTEGER
PRIMARY KEY AUTOINCREMENT,USER_NAME TEXT);");
        }
        @Override
        public void onUpgrade(SQLiteDatabase db, int oldVersion, int
newVersion) {
            db.execSQL("DROP TABLE IF EXISTS " + TABLE_NAME);
            onCreate(db);
        }
    }
    @Override
```

```
    public int delete(Uri uri,String s,String[] as) {
        return 0;
    }
    @Override
    public String getType(Uri uri) {
        return null;
    }
    @Override
    public Uri insert(Uri uri,ContentValues contentvalues) {
        sqlDB = dbHelper.getWritableDatabase();
        long rowId = sqlDB.insert(TABLE_NAME,"",contentvalues);
        if (rowId > 0) {
            Uri rowUri = ContentUris.appendId(MyUsers.User.CONTENT_URI.
buildUpon(),rowId).build();
            getContext().getContentResolver().notifyChange(rowUri,
null);
            return rowUri;
        }
        throw new SQLException("Failed to insert row into " + uri);
    }
    @Override
    public boolean onCreate() {
        dbHelper = new DatabaseHelper(getContext());
        return (dbHelper == null) ? false: true;
    }
    @Override
    public Cursor query(Uri uri, String[] projection, String selection,
String[] selectionArgs,String sortOrder) {
        SQLiteQueryBuilder qb = new SQLiteQueryBuilder();
        SQLiteDatabase db = dbHelper.getReadableDatabase();
        qb.setTables(TABLE_NAME);
        Cursor c = qb.query(db, projection, selection, null, null, null,
sortOrder);
        c.setNotificationUri(getContext().getContentResolver(),uri);
        return c;
    }
    @Override
    public int update(Uri uri,ContentValues contentvalues,String s,String[]
as) {
        return 0;
    }
}
```

一个名为“MyContentProvider”的 ContentProvider 创建完成，它用于从 Sqlite 数据库中添加和读取记录。

ContentProvider 的入口需要在 AndroidManifest. xml 中配置。

之后我们可以使用这个定义好的 Content Provider：

```
public class MyContentDemo extends Activity {
    @Override
    protected void onCreate(Bundle savedInstanceState) {
        super.onCreate(savedInstanceState);
        insertRecord("MyUser");
        displayRecords();
    }
    private void insertRecord(String userName) {
        ContentValues values = new ContentValues();
        values.put(MyUsers.User.USER_NAME,userName);
        getContentResolver().insert(MyUsers.User.CONTENT_URI,values);
    }
    private void displayRecords() {
        String columns[] = new String[] { MyUsers.User._ID,MyUsers.User.
USER_NAME };
        Uri myUri = MyUsers.User.CONTENT_URI;
        Cursor cur = managedQuery(myUri,columns,null,null,null );
        if (cur.moveToFirst()) {
            String id = null;
            String userName = null;
            do {
                id = cur.getString(cur.getColumnIndex(MyUsers.User._ID));
                userName = cur.getString(cur.getColumnIndex(MyUsers.
User.USER_NAME));
                Toast.makeText(this,id + " " + userName,Toast.LENGTH_
LONG).show();
            } while (cur.moveToNext());
        }
    }
}
```

上面的类将先向数据库中添加一条用户数据，然后显示数据库中所有的用户数据。

§6.6 网络存储

前面介绍的几种存储都是将数据存储在本地设备上，除此之外，还有一种存储（获取）数据的方式，这就是通过网络来实现数据的存储和获取。可以调用 WebService 返回的数据或是解析 HTTP 协议实现网络数据交互。具体需要熟悉 java. net. * 和 Android. net. * 这两个包的内容，详细请参阅相关文档。

下面是通过地区名称查询该地区的天气预报，以 POST 发送的方式发送请求到 webservicex. net 站点，访问 WebService. webservicex. net 站点提供查询天气预报的服务。代码如下：

```
import java.util.ArrayList;
import java.util.List;
import org.apache.http.HttpResponse;
import org.apache.http.NameValuePair;
import org.apache.http.client.entity.UrlEncodedFormEntity;
import org.apache.http.client.methods.HttpPost;
import org.apache.http.impl.client.DefaultHttpClient;
import org.apache.http.message.BasicNameValuePair;
import org.apache.http.protocol.HTTP;
import org.apache.http.util.EntityUtils;
import android.app.Activity;
import android.os.Bundle;
public class MyAndroidWeatherActivity extends Activity {
  //定义需要获取的内容来源地址
    private static final String SERVER_URL =    "http://www.webservicex.
net/WeatherForecast.asmx/GetWeatherByPlaceName"; /** Called when the
activity is first created. */
    @Override
    public void onCreate(Bundle savedInstanceState) {
        super.onCreate(savedInstanceState);
        setContentView(R.layout.main);
        HttpPost request = new HttpPost(SERVER_URL); //根据内容来源地址
创建一个 Http 请求
        // 添加一个变量
        List<NameValuePair> params = new ArrayList<NameValuePair>();
        // 设置一个地区名称
```

```
        params.add(new BasicNameValuePair("PlaceName","NewYork"));   //
添加必须的参数
        try {
            //设置参数的编码
            request.setEntity(new UrlEncodedFormEntity(params,HTTP.UTF_8));
            //发送请求并获取反馈
            HttpResponse httpResponse = new DefaultHttpClient().execute
(request);
            // 解析返回的内容
            if(httpResponse.getStatusLine().getStatusCode() != 404){
                String result = EntityUtils.toString(httpResponse.getEntity());
                System.out.println(result);
            }
        } catch (Exception e) {
            e.printStackTrace();
        }
    }
}
在配置文件中设置访问网络权限：<uses-permission android:name="android.
permission.INTERNET" />
```

本章小结

本章主要介绍 Android 系统中应用程序存储和访问数据的方法，主要介绍 Android 所提供的 6 种持久化应用程序数据存储方法，包括：① 共享偏好，使用键值对的形式保存私有的原始数据；② 内部存储，在设备的内存上保存私有的数据；③ 外部存储，在共享的外部存储器上保存公共的数据，这是扩充的存储，可以任意移除；④ SQLite 数据库在私有的数据库中保存结构化的数据；⑤ 网络连接，把数据保存在互联网服务器上；⑥ Android提供的内容提供器能够把私有数据公开给其他应用程序。

第 7 章

智能终端实现定位服务和访问地图

本章要点

通过对本章内容的学习，你应掌握如下内容：

- 定位使用 Android 类的作用及相互之间的关系
- 使用 Android 开发应用程序
- 百度地图申请密钥的方法
- 使用 Android 开发百度地图程序

章首引语：开发基于地理位置的服务可以使用 android. location 类库来开发。应用程序可以利用 Android 提供的定位框架(location framework)来确定设备的位置和方向，并且能够进行更新。利用百度提供的 Android 地图库开发地图应用，访问百度地图服务和数据

§7.1 定 位 服 务

Android 通过 android. location 包中的类为应用程序提供定位服务。定位框架中的核心组件就是 LocationManager 系统服务，其提供了支撑底层设备定位 API。与其他系统服务一样，并不是直接实例化一个 LocationManager 对象，而是通过调用 Context 类的

getSystemService(Context，LOCATION_SERVICE)方法来获得一个 LocationManager 对象，这个方法会返回一个新的LocationManager 对象。

应用程序获取一个 LocationManager 对象后，就可以进行定位服务的各种操作：

(1) 查询所有定位提供者列表，获得最新的用户位置信息。

(2) 注册/解注册到一个定位提供商来周期性地更新用户的当前位置。

(3) 如果设备进入一个给定经度和纬度的邻近范围(指定半径)时，注册/解注册一个启动的 Intent。

百度地图 API 是为开发者免费提供的一套基于百度地图服务的应用接口，包括 JavaScript API、Web 服务 API、Android SDK、iOS SDK、定位 SDK、车联网 API、LBS 云等多种开发工具与服务，提供基本地图展现、搜索、定位、逆/地理编码、路线规划、LBS 云存储与检索等功能，适用于 PC 端、移动端、服务器等多种设备和多种操作系统下的地图应用开发。

7.1.1 获得位置信息

当开发一个基于位置的应用程序时，能够利用 GPS 和 Android 的网络位置提供商来获取位置。尽管 GPS 更加精确，但它仅能在户外使用，会快速消耗大量的电量，不能尽快返回位置信息。而 Android 的网络位置提供商使用基塔(cell tower)和 Wi-Fi 信令来确定用户的位置、提供用户的位置信息，无论用户在户内还是户外，而且速度更快，消耗电量更少。为了获取用户位置，应用程序可以利用 GPS 和网络位置提供商，或者只使用其中一个。

在移动设备上获取用户位置可能结构复杂，之所以读取用户位置出错或者不精确，有以下几方面的原因：

(1) 多种位置源(multitude of location sources)：GPS，Cell-ID 和 Wi-Fi 都可以提供位置信息，但每种的精度不相同，决定使用哪种源，需要权衡精度、速度和电池的容量。

(2) 用户移动(user movement)：用户位置信息经常变换，必须经常获取移动的位置信息。

(3) 变化的精度(varying accuracy)：从每个位置源获取的位置估算在精度方面也不一致。例如，从一个位置上 10 秒前获得的位置，或许比从相同或者不同的源上获取的最新位置精度更高。

7.1.2 定位服务的实现架构图

整个定位服务的架构如图 7-1 所示，该结构共分为 4 层：

(1) 最上面是应用层，即 android. location 包中所包含的内容，是以 Java 语言提供的 API。

(2) 第二层是框架层，这一层包含系统服务的实现，主要由 Java 语言来实现。

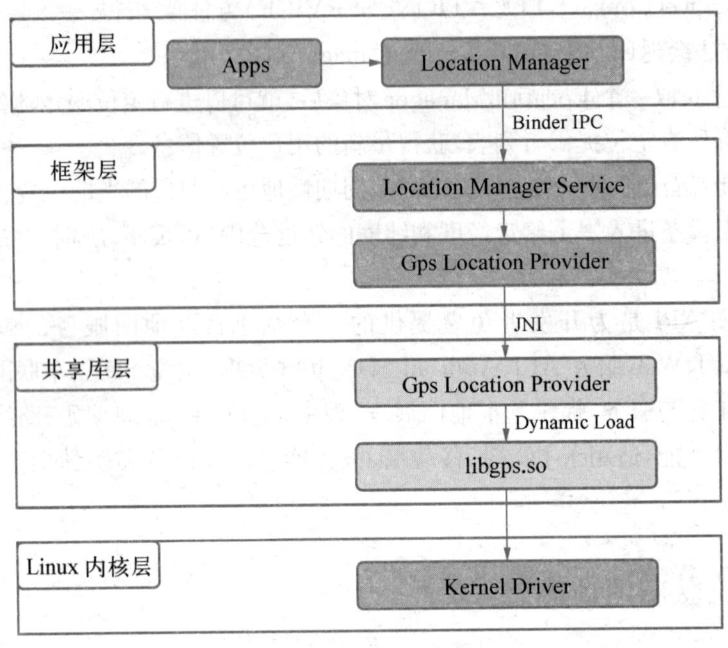

图 7－1　定位服务的实现架构图

(3) 第三层是共享库层，本层由 C 以及 C++ 语言实现，框架层与共享库层使用 JNI 进行衔接。

(4) 最下面一层是 Linux 内核层，整个 Android 系统都是以 Linux 内核为基础的。

从上至下它们是逐层依赖的关系，每层依赖下面一层完成其所需提供的服务。

7.1.3　实现定位功能的重要类

在使用位置服务开发应用时，上面这些因素都需要考虑，首先需要获取位置信息。以下是 Android. location 包中 4 个关于定位功能的比较重要的类：

(1) LocationManager：提供访问系统定位服务，为应用程序提供周期性设备的地理位置更新信息。

(2) LocationProvider：该类是定位提供者的抽象类，是不同定位提供者的父类，提供当前位置信息。表 7－1 列出了主要的 LocationProvider。

表 7－1　主要的 LocationProvider

LocationProvider	描　　述
network	使用移动网络或 Wi-Fi 来确定最佳位置，在室内精度比 GPS 高。
gps	使用 GPS 接收器来确定最佳位置，通常比网络精度高。
passive	允许参与其他组件位置更新以节省能源。

(3) LocationListener：提供定位信息发生改变时的回调功能。必须事先在定位管理器中注册监听器对象。

(4) Criteria：该类使得应用能够通过在 LocationProvider 中设置的属性来选择合适的定位提供者。

7.1.4 请求位置更新信息

Android 是通过回调函数来获取用户位置的。调用 LocationManager 的 requestLocationUpdates()表示请求接收位置更新，需要传递一个 LocationListener 给它。传递给它的 LocationListener 必须实现几个回调函数，然后当用户位置更新或服务状态改变时，LocationManager 就能够调用这些方法来进行应用程序方面的处理。

下面的示例代码展示了怎样定义 LocationListener 和请求一个位置更新：

```
// Acquire a reference to the system Location Manager
LocationManager locationManager =
        (LocationManager) this. getSystemService (Context. LOCATION_
SERVICE);
// Define a listener that responds to location updates
LocationListener locationListener = new LocationListener() {
    public void onLocationChanged(Location location) {
    // Called when a new location is found by the network location provider.
            makeUseOfNewLocation(location);
    }
    public void onStatusChanged (String provider, int status, Bundle
extras) { }
    public void onProviderEnabled(String provider) { }
    public void onProviderDisabled(String provider) {}
};
// Register the listener with the Location Manager to receive location updates
locationManager. requestLocationUpdates(LocationManager. NETWORK_PROVIDER, 0, 0,
locationListener);
```

reuestLocationUpdates()方法的第一个参数是位置提供者的类型，在这种情况下，使用的是基于基塔和 Wi-Fi 的网络位置提供商。

能够使用第二个和第三个参数来控制 Listener 接收更新的频率，第二个参数是两次位置提醒之间的最小时间间隔，第三个是两次位置提醒之间的最小变化距离；两个都设置为“0”，表示以最快的频率更新。最后一个参数是 LocationListener。

如果想由 GPS 提供位置更新，那么把“NETWORK_PROVIDER”更换为“GPS_PROVIDER”。如果调用 requestLocationUpdates()两次，一次使用“NETWORK_PROVIDER”，

一次使用“GPS_PROVIDER”，那么就可以从网络位置提供商和GPS获取用户当前位置。

为了能够从“NETWORK_PROVIDER”或者“GPS_PROVIDER”接收位置更新，必须通过声明“ACCESS_COARSE_LOCATION”或者“ACCESS_FINE_LOCATION”权限来请求用户权限。这些都是在Android manifest文件中设置的。例如：

```
<manifest ... >
    <uses-permission android: name = "android. permission. ACCESS_FINE_
LOCATION" />
    ...
</manifest>
```

没有这些权限，应用程序在运行时无法获取位置更新。

如果使用“NETWORK_PROVIDER”和“GPS_PROVIDER”，那么请使用“ACCESS_FINE_LOCATION”权限；

如果只使用“NETWORK_PROVIDER”，那么使用“ACCESS_COARSE_LOCATION”权限。

7.1.5 最佳性能的策略

基于位置的应用程序现在非常普通，但是为了处理较差的精确度、克服用户移动，以及使用多种方法获取位置信息，还要节约电量，所以获取用户位置是非常复杂的。在节约电量的同时，穿越障碍物而获取到一个适合的用户位置，必须定义一个一致的模型，这个模型定义了应用程序怎样获取用户的位置信息。这个模型包含什么时候开始或者停止监测用户位置更新、什么时候使用缓存存储位置数据。下面是获取用户位置的典型处理流程：

(1) 启动程序。

(2) 开始监听从指定的位置提供商获取用户位置更新。

(3) 通过过滤、小精度修复，确定当前最好的位置估计信息。

(4) 停止接收位置更新。

(5) 利用最后估计的较好的位置信息。

图7-2在一个时间轴上显示了这一过程，它展示了应用程序接收位置更新的时间以及该时刻发生的时间。

由此可见，在应用程序中需要多次做决策来提供用户位置获取的服务。

1. 决定开始监听更新的时刻

在程序启动之后或者在用户激活某个特性之后，就尽快开始监听位置更新信息。但监听用户位置修复的过程可能会消耗大量的电力，短的时间又不能获取足够精度的位置信息，因此可以在调用requestLocationUpdates()之后开始监听位置更新。

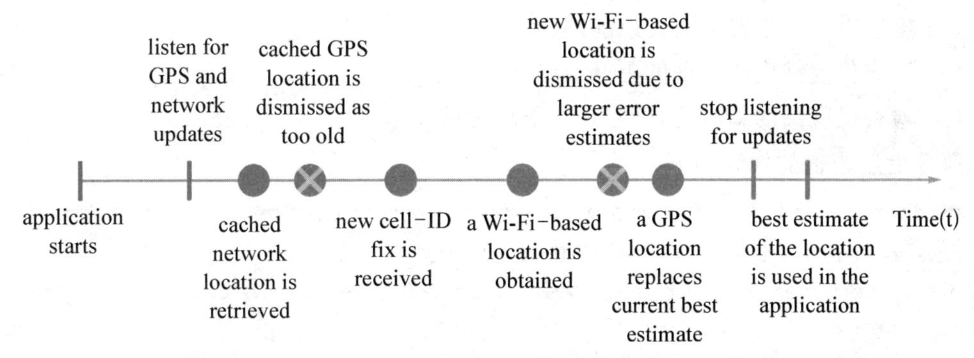

图 7-2 用户位置信息的时间线

```
LocationProvider locationProvider = LocationManager.NETWORK_PROVIDER;
// Or,use GPS location data:
// LocationProvider locationProvider = LocationManager.GPS_PROVIDER;
locationManager.requestLocationUpdates(locationProvider,0,0,locationListener);
```

2. 通过最后可知位置快速修正

LocationListener 接收第一次位置修复所花的时间通常非常长。如果它接收到一个更加精确的位置,应该调用 getLastKnownLocation(String)来获取一个缓存的位置。

```
LocationProvider locationProvider = LocationManager.NETWORK_PROVIDER;
// Or use LocationManager.GPS_PROVIDER
Location lastKnownLocation =
locationManager.getLastKnownLocation(locationProvider);
```

3. 决定停止监听更新的时刻

在程序中判断什么时候不需要新的修复的逻辑非常简单,也可以非常复杂。开始获得位置信息和开始使用位置信息之间的时间间隔短暂,有助于提高位置估计的精度。因为长时间监测位置消耗大量的电力,所以一旦获得所需的位置信息,就应该调用 removeUpdates(PendingIntent)来停止监听。

```
// Remove the listener you previously added
locationManager.removeUpdates(locationListener);
```

4. 保持最佳的估算值

希望最近的位置修复是最精确的。然而,由于位置校正的精度不同,最新的并不一定是最准确的。因此,需要选择的位置用一些标准逻辑。标准也根据不同使用情况下应用程序和现场测试实例的不同而有所变化。下面是确认位置修正可以采用的步骤:

(1) 检查得到的位置是否比以前的新；

(2) 检查位置精度比以前的更好或更坏；

(3) 检查供应商的新位置，确定是否更准确可靠。

符合上述逻辑的代码如下：

```
private static final int TWO_MINUTES = 1000 * 60 * 2;
/** Determines whether one Location reading is better than the current
Location fix
   * @param location  The new Location that you want to evaluate
   * @param currentBestLocation  The current Location fix, to which you
want to compare the new one
   */
protected boolean isBetterLocation(Location location, Location currentBestLocation){
     if (currentBestLocation == null) {
        // A new location is always better than no location
          return true;
     }
     // Check whether the new location fix is newer or older
     long timeDelta = location.getTime() - currentBestLocation.getTime();
     boolean isSignificantlyNewer = timeDelta > TWO_MINUTES;
     boolean isSignificantlyOlder = timeDelta < -TWO_MINUTES;
     boolean isNewer = timeDelta > 0;
     // If it's been more than two minutes since the current location, use the
new location
     // because the user has likely moved
     if (isSignificantlyNewer) {
         return true;
     // If the new location is more than two minutes older, it must be worse
     } else if (isSignificantlyOlder) {
         return false;
     }
      // Check whether the new location fix is more or less accurate
     int accuracyDelta = (int) (location.getAccuracy() - currentBestLocation.
getAccuracy());
     boolean isLessAccurate = accuracyDelta > 0;
     boolean isMoreAccurate = accuracyDelta < 0;
     boolean isSignificantlyLessAccurate = accuracyDelta > 200;
     // Check if the old and new location are from the same provider
     boolean isFromSameProvider = isSameProvider(location.getProvider(),
currentBestLocation.getProvider());
     // Determine location quality using a combination of timeliness and
accuracy
```

```
        if (isMoreAccurate) {
            return true;
        } else if (isNewer && ! isLessAccurate) {
            return true;
        } else if (isNewer && ! isSignificantlyLessAccurate && isFromSameProvider) {
            return true;
        }
        return false;
    }
    /** Checks whether two providers are the same */
    private boolean isSameProvider(String provider1,String provider2) {
        if (provider1 = = null) {
          return provider2 = = null;
        }
        return provider1.equals(provider2);
    }
```

5. 调整模型来保存电量和数据交换

测试应用程序时,可能会发现模型提供的良好的地理位置与良好的性能需要调整,这样可能会在两者之间找到一个很好的平衡。

6. 减少窗口的大小

在一个小窗口位置更新,意味着与 GPS 和网络定位服务更少交互,这样能够延长电池寿命。但是这样会使可选位置变少,从而导致获取最佳位置信息变得困难。

7. 减少位置提供者的更新频率

在窗口减少更新频率,也可以提高电池的效率,但这样会牺牲精确度,两者之间的平衡取决于具体的应用。可以通过增加 requestlocationupdates()函数的第二和第三个参数的值以降低更新频率。

8. 仅支持一种位置信息提供者

根据应用程序的使用场景和对精度的要求,可以选择只使用网络位置提供商或 GPS,只有一个服务交互可以大大减少耗电的可能性。

7.1.6 调试位置数据

在开发应用过程中,需要对获取用户位置的模型进行效率测试,最简单的测试就是使用 Android 真机设备。如果没有真正的物理设备,也可以使用 Android 虚拟机的虚拟位置进行基于用户位置的测试。向应用程序提供模拟位置数据的方法主要有 3 种,即 Eclipse,DDMS 或者模拟器控制台的 geo 命令行。由于提供模拟位置数据是使用 GPS 的数据类型，因此必须使用 GPS_PROVIDER 来获取位置更新，否则模拟数据无法工作。

如果使用 Eclipse，选择 Windows→Show View→Other→Emulator Control。在模拟器控制面板上，进入位置控制(Location Controls)下输入 GPS 坐标，GPX 文件中是路径回放，KML 文件中是多个位置的记录。确认在设备面板下已经有设备被选择，查看 Windows→Show View→Other→Devices 可以获得相关信息。

如果使用 DDMS 工具，可以使用多种方法模拟位置数据，其中包括：向设备手动发送独立的经纬度；使用 GPX 文件向设备发送一系列路径；使用 KML 文件向设备发送一系列化独立的路径位置。

如果使用模拟器控制台的 geo 命令行发送模拟位置数据，需要在 Android 模拟器上运行应用，并在 sdk 的 tools 目录下打开设备终端的控制台，并连接到模拟器控制台：

```
telnet localhost <console-port>
```

然后向模拟控制台发送位置数据。geo fix 发送固定的 geo 位置。这个命令接收十进制的经度和纬度，以及一个可选的海拔。例如：

```
geo fix-121.45356.46.51119 4392
```

geo nmea 发送一个 NMEA 0183 句子。例如：

```
geo nmea $GRRMC,081836,A,3751.65,S,14507.36,E,000.0,360.0,130998,011.3,
E*62
```

7.1.7 实现位置信息获取

下面是 Android 获得位置信息的示例，实现使用 SharedPreferences 对象进行读写数据文件。

(1) 建立 Android 应用项目 CurrentLocationDemo，在项目文件 AndroidManifest.xml 中添加系统权限，代码如下：

```
<uses-permission android:name="android.permission.ACCESS_FINE_
LOCATION" />
```

(2) 在实现 Activity 的文件 LocationBasedServiceDemo.java 中实现位置信息的获取和显示，代码如下：

```
public class LocationBasedServiceDemo extends Activity
{
    @Override
    public void onCreate(Bundle savedInstanceState)
    {
        super.onCreate(savedInstanceState);
        setContentView(R.layout.main);
        String serviceString = Context.LOCATION_SERVICE;
        LocationManager locationManager = (LocationManager)getSystemService
(serviceString);
        String provider = LocationManager.GPS_PROVIDER;
        Location location = locationManager.getLastKnownLocation(provider);
        getLocationInfo(location);
        locationManager. requestLocationUpdates ( provider, 2000, 0,
locationListener);
    }
    private void getLocationInfo(Location location){
      String latLongInfo;
      TextView locationText = (TextView)findViewById(R.id.txtshow);
      if (location ! = null){
          double lat = location.getLatitude();
          double lng = location.getLongitude();
          latLongInfo = "Lat: " + lat + "\nLong: " + lng;
      }else{
          latLongInfo = "No location found";
      }
          locationText.setText("Your Current Position is: \n" + latLongInfo);
    }
    private final LocationListener locationListener = new LocationListener(){
        @Override
        public void onLocationChanged(Location location)
        { getLocationInfo(location); }
        @Override
        public void onProviderDisabled(String provider)
        { getLocationInfo(null); }
        @Override
        public void onProviderEnabled(String provider)
        { getLocationInfo(null); }
        @Override
```

```
        public void onStatusChanged(String provider,int status,Bundle extras)
        {   }
    };
}
```

(3) 在布局文件 main.xml 增加文本框可，显示位置信息，代码如下：

```
<? xml version = "1.0" encoding = "utf-8"? >
<LinearLayout xmlns: android = "http://schemas.android.com/apk/res/android"
    android: layout_width = "match_parent"
    android: layout_height = "match_parent"
    android: orientation = "vertical" >
    <TextView
        android: id = "@ + id/txtshow"
        android: layout_width = "fill_parent"
        android: layout_height = "20dp"
        android: text = "TextView" />
</LinearLayout>
```

(4) 项目运行结果如图 7-3 所示。

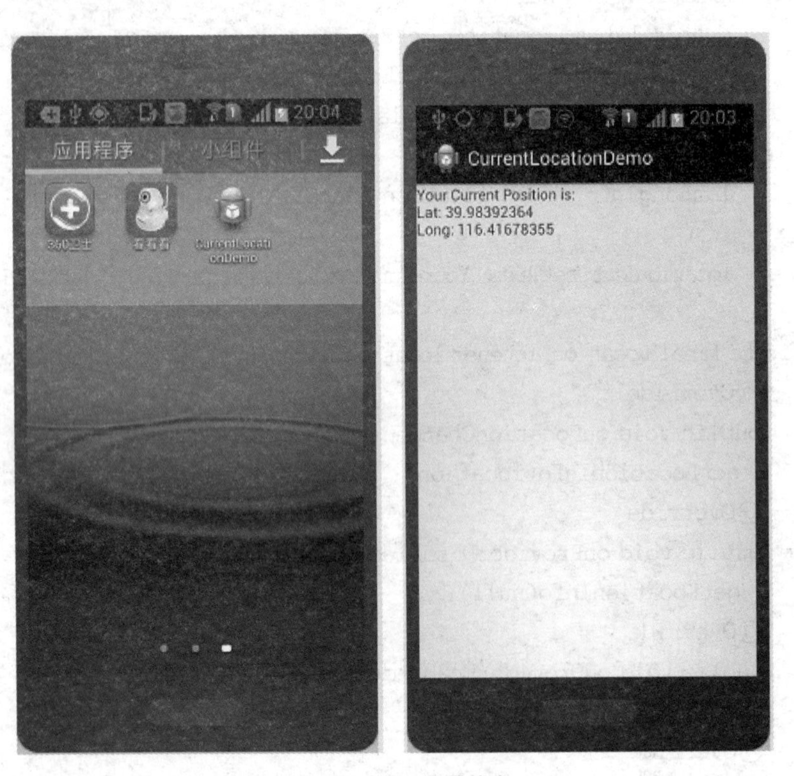

图 7-3 显示位置信息

§7.2　Android 访问百度地图

7.2.1　开发前的准备

百度地图 Android SDK 是一套基于 Android 2.1 及以上版本设备的应用程序接口。可以使用该套 SDK 开发适用于 Android 系统移动设备的地图应用，还可以通过调用地图SDK接口，轻松访问百度地图服务和数据，构建功能丰富、交互性强的地图类应用程序。

百度地图 Android SDK 提供的所有服务是免费的，接口使用无次数限制。但是需要在申请密钥(Key)后，才可以使用百度地图 Android SDK。任何非营利性产品请直接使用，商业目的的产品在使用前请参考使用须知。

为了给用户提供更优质的服务，Android SDK 自 V2.1.3 版本开始，采用全新的密钥验证体系。因此，当选择使用 V2.1.3 及之后版本的 SDK 时，需要到新的密钥申请页面进行全新密钥的申请。

一、申请密钥

(1) 打开如图 7-4 所示的 http://developer.baidu.com/map/网页，点击申请密钥。

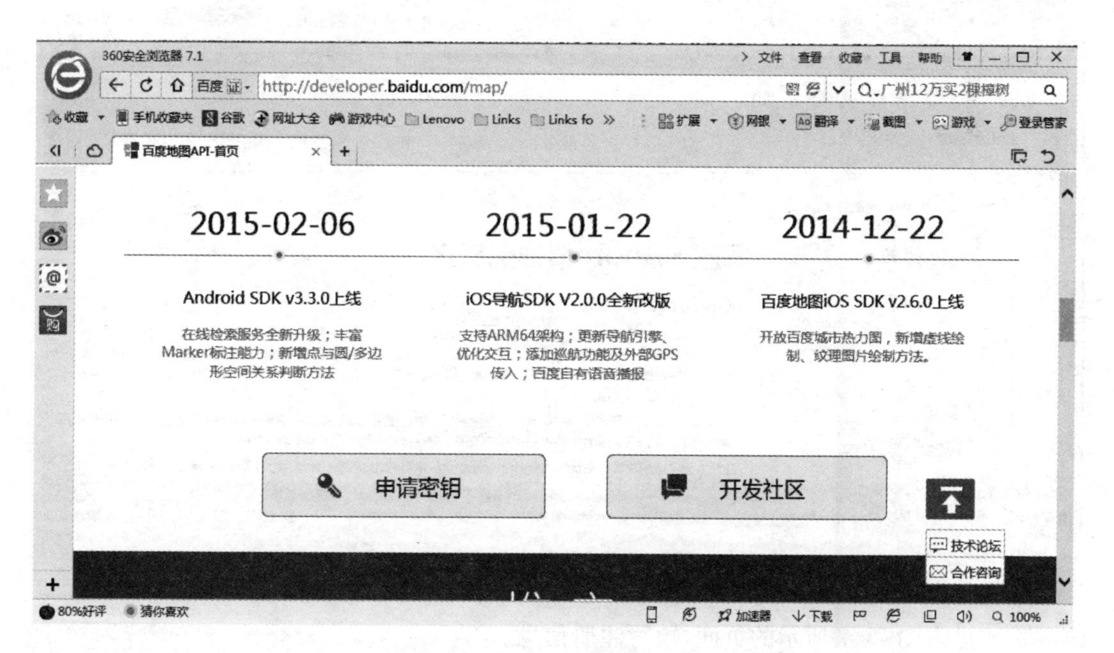

图 7-4　申请密钥

(2) 注册百度开发者账号，选择开发 Android 地图 SDK，如图 7-5 所示。

图 7－5　选择开发种类

(3) 进入如图 7－6 所示的窗口,选择获取密钥。

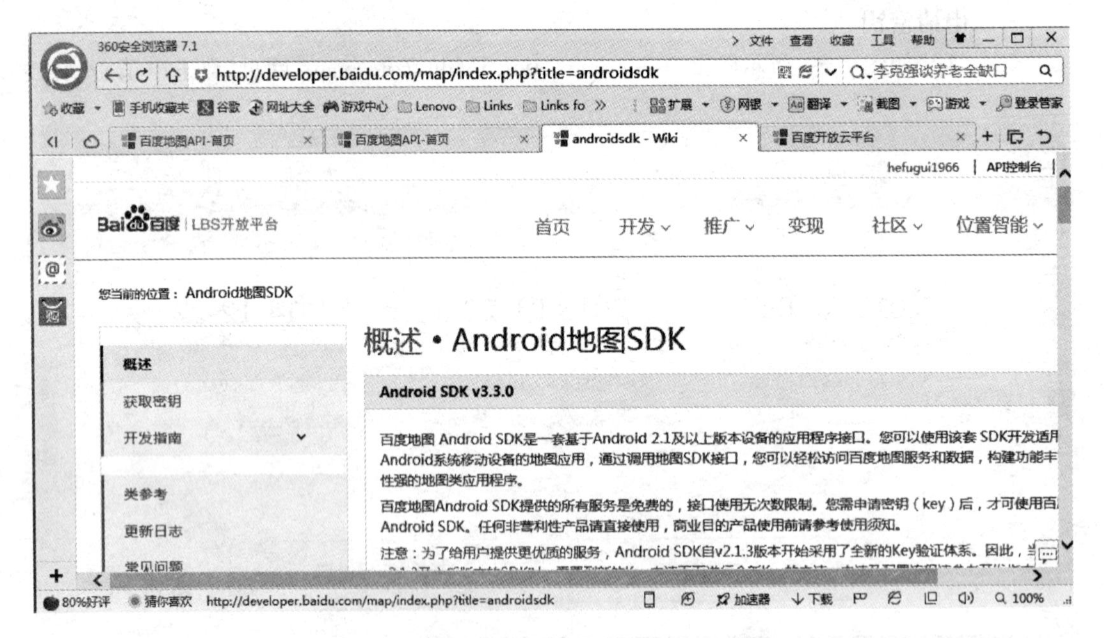

图 7－6　进入 Android 地图 SDK 窗口

(4) 进入图 7－7 所示的页面,填写注册信息。

(5) 在注册信息后,打开 http://lbsyun.baidu.com/apiconsole/key/create 网页,如图 7－8 所示,填写应用信息。

360安全浏览器 7.1
http://developer.baidu.com/user/reg
百度开放服务平台
直达号
轻应用
移动应用
开放云
开发者服务
填写开发者信息
验证邮箱
提交应用 / 使用开放云服务
成为一名百度开发者需要您完善以下信息，以便使用强大的应用分发渠道和丰富的开放云服务
* 类型：
个人
公司
* 开发者来源：
开发者

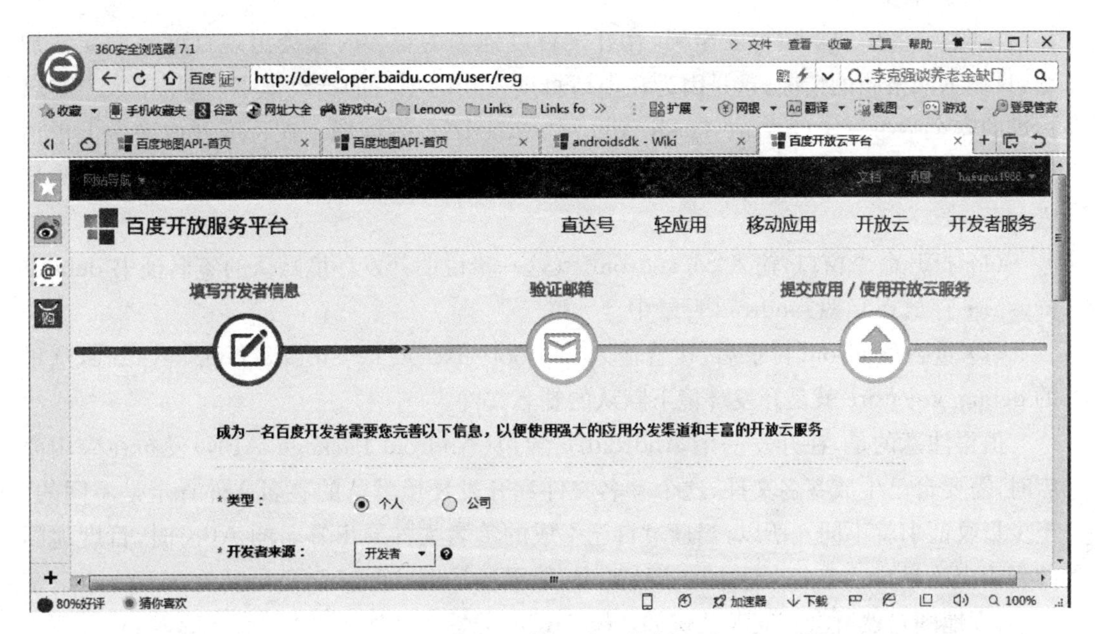

图 7－7　填写注册信息

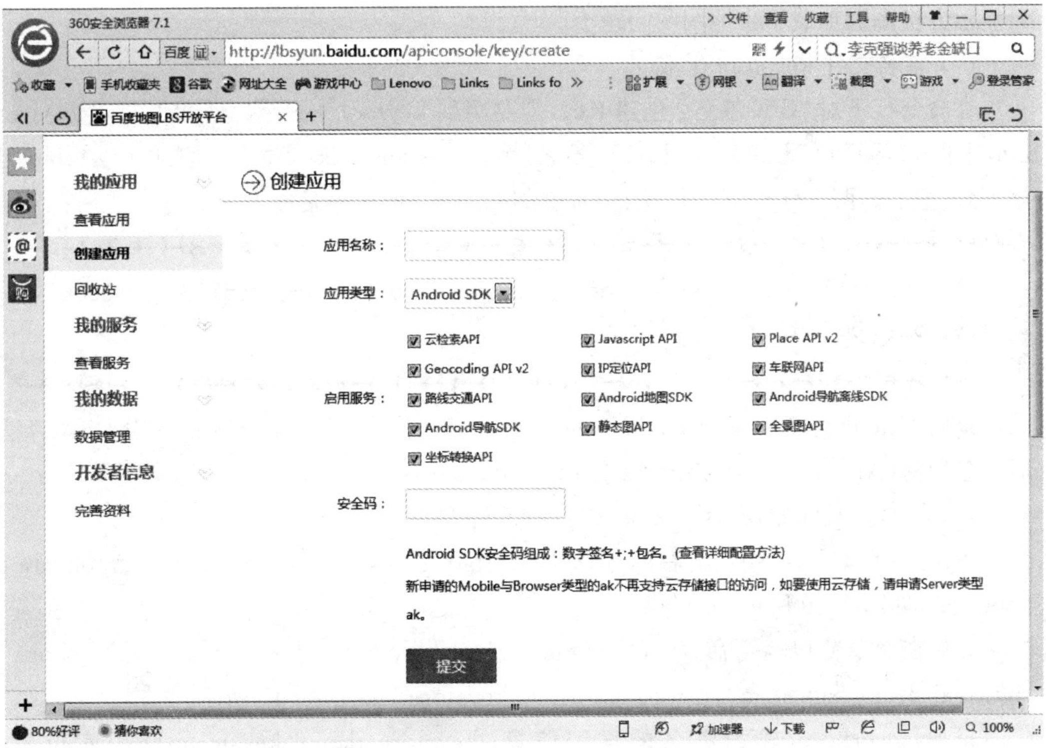

360安全浏览器 7.1
http://lbsyun.baidu.com/apiconsole/key/create
百度地图LBS开放平台
我的应用
查看应用
创建应用
回收站
我的服务
查看服务
我的数据
数据管理
开发者信息
完善资料
创建应用
应用名称：
应用类型：
Android SDK
启用服务：
云检索API
Javascript API
Place API v2
Geocoding API v2
IP定位API
车联网API
路线交通API
Android地图SDK
Android导航离线SDK
Android导航SDK
静态图API
全景图API
坐标转换API
安全码：
Android SDK安全码组成：数字签名+;+包名。(查看详细配置方法)
新申请的Mobile与Browser类型的ak不再支持云存储接口的访问，如要使用云存储，请申请Server类型ak。
提交

图 7－8　填写应用信息

(6) 获取安全码。

在图7-8中要求填写安全码,在开发百度地图的很多时候会出现百度地图无法加载、只显示网格图的情况,这是因为在申请百度密钥时填写的指纹证书(适用于数字签名标准的安全哈希算法(Secure Hash Algorithm,SHA1)有问题。在百度开放平台上申请得到的指纹证书只是本地开发环境存在的默认签名文件 debug. keystore 的指纹证书。流程如下:

(1) 打开命令窗口,输入 cd. android。(这一步说明开发环境默认的签名证书 debug. keystore 存放在C盘. android 目录中。)

(2) 进入. android 目录后,接着输入 keytool -list -v -keystore debug. keystore,这里的 debug. keystore 就是开发环境下默认的签名文件。

值得注意的是,在开发一个 Android 安装包(Android Package,APK)发布在应用商店时,需要自己生成签名文件,这个签名文件和开发环境默认的签名文件肯定是不同的,至少指纹证书就不同。所以,当通过自己生成的签名文件导出签名的 APK 时,百度地图的密钥应该是自己签名文件中的指纹证书,如果还是用 debug. keystore 的 SHA1 申请密钥,百度地图自然就会有问题。例如,导出 APK 的签名文件名为“myapp. keystore”,那么可以通过在命令窗口中输入“keytool -list -v -keystore myapp. keystore”得到 SHA1,然后通过这个 SHA1 去申请百度密钥,这样,导出的签名 APK 的百度地图功能,就不会出现只显示方格图而加载不出地图的问题了。

(7) 签名文件 keystore 生成。

在命令行下对 APK 签名:创建 Key,需要用到 keytool. exe (位于 jdk1. 6. 0_24\jre\bin 目录下),使用产生的 Key 对 APK 签名,用到 jarsigner. exe (位于 jdk1. 6. 0_24\bin 目录下)。把上面两个软件所在的目录添加到环境变量 path,然后打开 cmd 输入:

```
D:\>keytool -genkey -alias demo. keystore -keyalg RSA -validity 40000 -
keystore demo.keystore
```

说明:-genkey,产生密钥;-alias demo. keystore,别名;-keyalg RSA,使用 RSA 算法对签名加密;-validity 40000,有效期限 4 000 天;-keystore demo. keystore,密钥库位置。

(8) 将签名文件加入 APK 发布文件,有两种方法。

方法 1:在 eclipse 中点击右键,选择“Android Tools—Export Unsigned Application Package”,如图7-9所示。

然后在命令窗口运行命令:D:\>jarsigner -verbose - keystore demo. keystore -signedjar demo_signed. apk demo. apk demo. keystore ,如图7-10所示。

说明:-verbose,输出签名的详细信息;-keystore demo. keystore,密钥库位置;-signedjar demor_signed. apk demo. apk demo. keystore,正式签名。3个参数依次为签名后产生的文件 demo_signed、要签名的文件 demo. apk 和密钥库 demo. keystore。

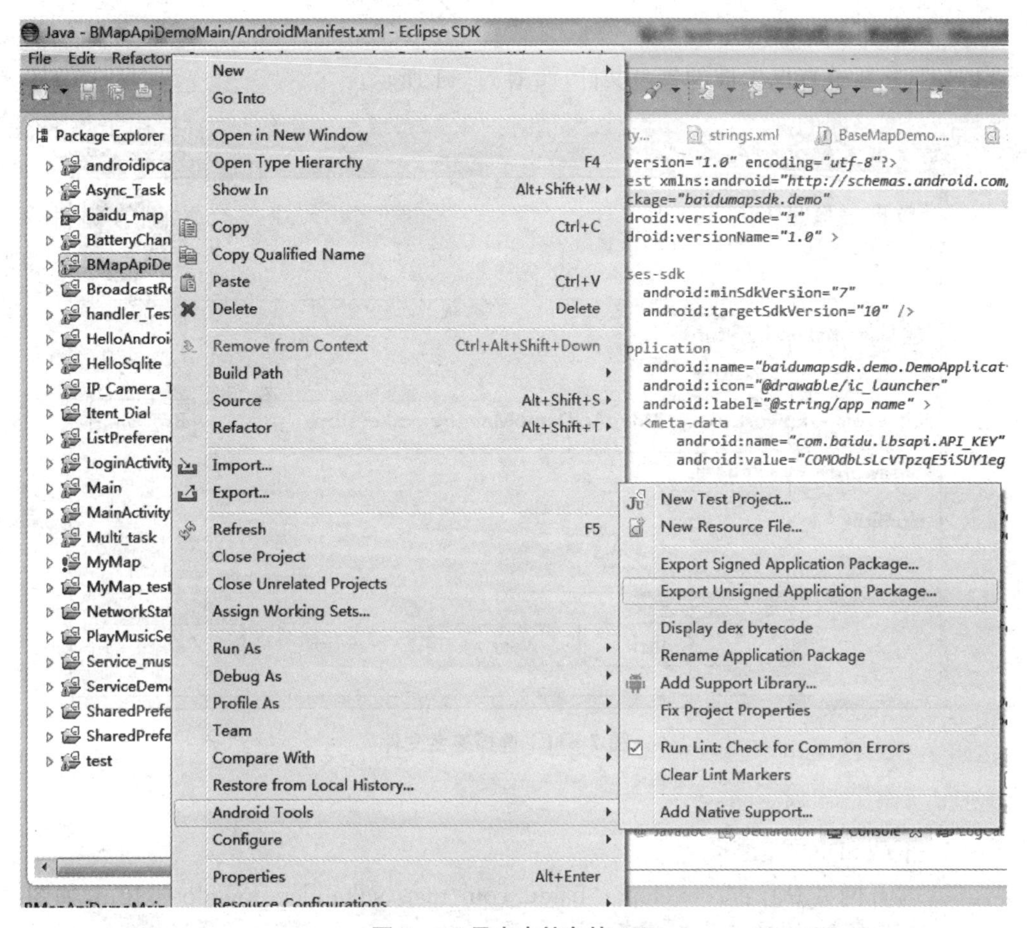

图 7-9　导出未签名的 APK

```
命令提示符
E:\workspace\BMapApiDemoMain>jarsigner -verbose -keystore demo.keystore -signe
djar BMapApiDemoMain_signed.apk BMapApiDemoMain.apk demo.keystore
输入密钥库的密码短语:
   正在添加: META-INF/MANIFEST.MF
   正在添加: META-INF/DEMO_KEY.SF
   正在添加: META-INF/DEMO_KEY.RSA
  正在签名: assets/marker1.png
  正在签名: assets/marker2.png
  正在签名: assets/marker3.png
  正在签名: res/layout/activity_busline.xml
  正在签名: res/layout/activity_cloud_search_demo.xml
  正在签名: res/layout/activity_fragment.xml
  正在签名: res/layout/activity_geocoder.xml
  正在签名: res/layout/activity_geometry.xml
  正在签名: res/layout/activity_heatmap.xml
  正在签名: res/layout/activity_layers.xml
  正在签名: res/layout/activity_lbssearch.xml
  正在签名: res/layout/activity_location.xml
  正在签名: res/layout/activity_main.xml
  正在签名: res/layout/activity_mapcontrol.xml
  正在签名: res/layout/activity_multimap.xml
  正在签名: res/layout/activity_navi_demo.xml
  正在签名: res/layout/activity_offline.xml
  正在签名: res/layout/activity_opengl.xml
  正在签名: res/layout/activity_overlay.xml
```

图 7-10　APK 签名

方法 2：在 eclipse 中点击右键，选择"Android Tools—Export Signed Application Package"，然后选择已生成的签名文件，如图 7-11 所示。

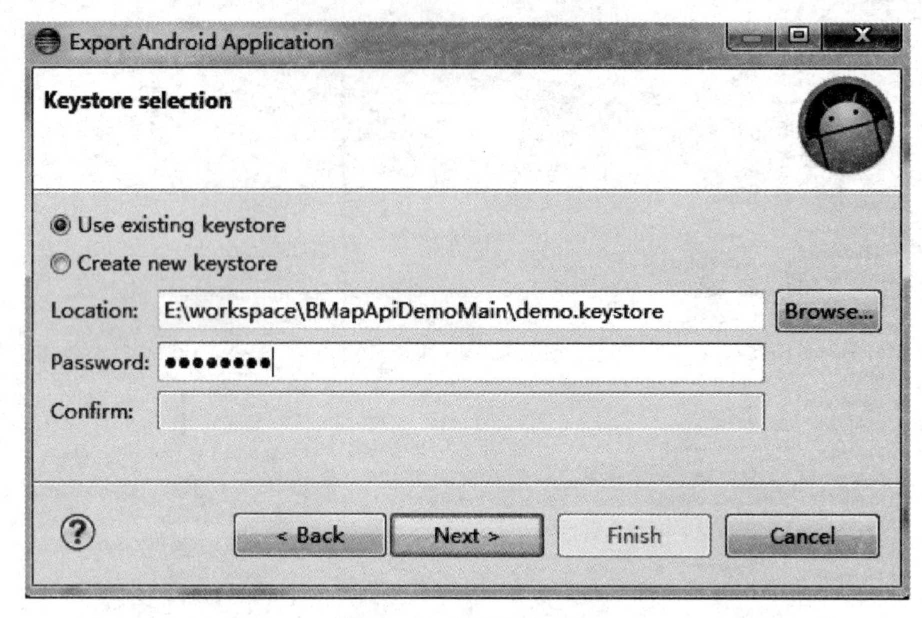

图 7-11　选择签名文件

二、下载 SDK

(1) 打开网页 http://developer.baidu.com/map/sdkandev-download.htm，如图 7-12 所示，选择全部下载。

图 7-12　Android SDK 下载

(2) 进入如图 7-13 所示的界面,选择需要的功能,选择“开发包”下载库。

图 7-13 选择功能开发包

7.2.2 开发地图应用程序

(1) 新建 Android 项目,项目名为“test_ditu_demo0”,将 BaiduLBS_Android.jar 加在项目 libs 目录下,形成 libBaiduMapSDK_v3_0_0.so 和 liblocSDK4d.so 的 libs\armeabi,如图 7-14 所示。

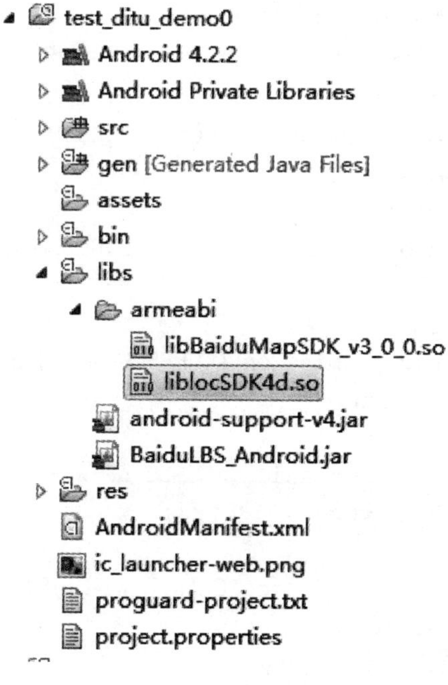

图 7-14 增加百度地图库

(2) 添加百度地图库的引用,如图 7-15 所示。

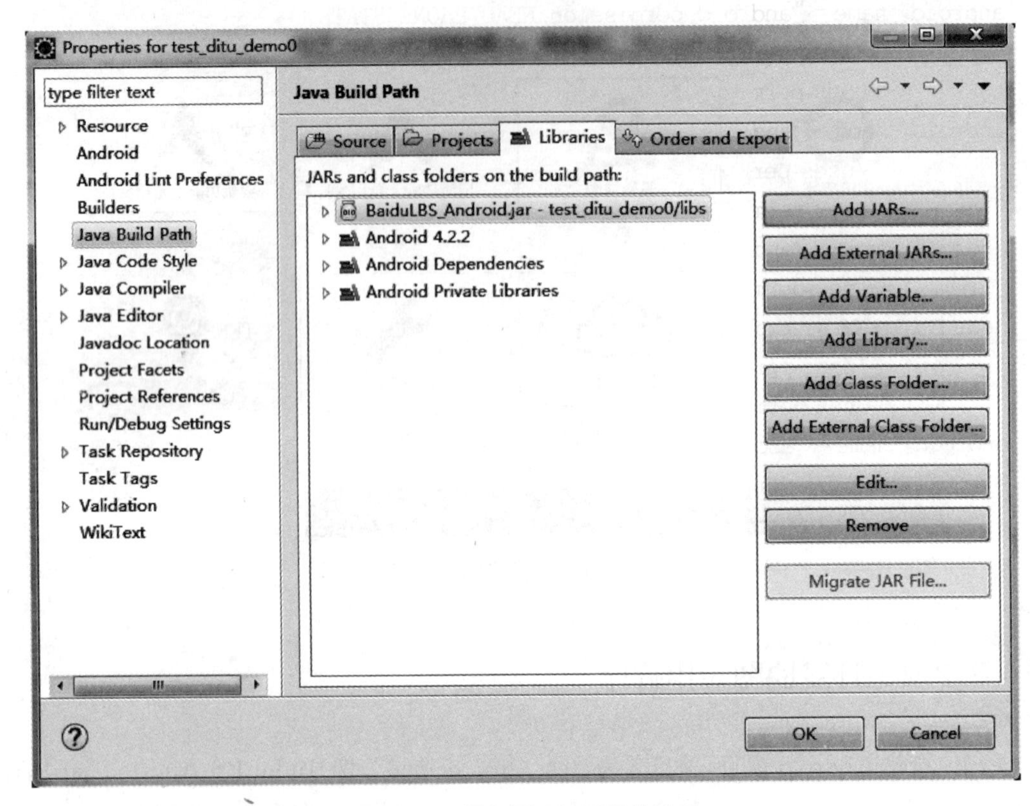

图 7-15　添加百度地图库的引用

(3) 在 AndroidManifest. xml 中配置权限。

```
        <uses-permission
android: name = "android.permission.ACCESS_COARSE_LOCATION" >
        </uses-permission>
        <uses-permission
android: name = "android.permission.ACCESS_FINE_LOCATION" >
        </uses-permission>
        <uses-permission
android: name = "android.permission.ACCESS_Wi-Fi_STATE" >
        </uses-permission>
        <uses-permission
android: name = "android.permission.ACCESS_NETWORK_STATE" >
        </uses-permission>
        <uses-permission
android: name = "android.permission.CHANGE_Wi-Fi_STATE" >
        </uses-permission>
        <uses-permission
```

```
android: name = "android.permission.READ_PHONE_STATE" >
        </uses-permission>
        <uses-permission
android: name = "android.permission.WRITE_EXTERNAL_STORAGE" >
        </uses-permission>
        <uses-permission
android: name = "android.permission.INTERNET" />
        <uses-permission
android: name = "android.permission.MOUNT_UNMOUNT_FILESYSTEMS" >
        </uses-permission>
        <uses-permission
android: name = "android.permission.READ_LOGS" >
        </uses-permission>
        <uses-permission
android: name = "android.permission.VIBRATE" />
        <uses-permission
android: name = "android.permission.WAKE_LOCK" />
        <uses-permission
android: name = "android.permission.WRITE_SETTINGS" />
```

(4) 写入 xml 布局文件。

```
<RelativeLayout xmlns: android = "http://schemas.android.com/apk/res/android"
    xmlns: tools = "http://schemas.android.com/tools"
    android: layout_width = "match_parent"
```

```
    android: layout_height = "match_parent" >

    <com.baidu.mapapi.map.MapView
        android: id = "@ + id/id_bmapView"
        android: layout_width = "fill_parent"
        android: layout_height = "fill_parent"
        android: clickable = "true" />
        ……
</RelativeLayout>
```

(5) 运行主 Activity 文件 MainActivity.java。

```
public class MainActivity extends Activity
{
    private MapView mMapView = null;

    @Override
    protected void onCreate(Bundle savedInstanceState)
    {
        super.onCreate(savedInstanceState);
        requestWindowFeature(Window.FEATURE_NO_TITLE);
        // 在使用 SDK 各组件之前初始化 context 信息,传入 ApplicationContext
        // 注意该方法要再 setContentView 方法之前实现
        SDKInitializer.initialize(getApplicationContext());
        setContentView(R.layout.activity_main);
        // 获取地图控件引用
        mMapView = (MapView) findViewById(R.id.id_bmapView);
    }
    @Override
    protected void onDestroy()
    {
        super.onDestroy();
        // 在 activity 执行 onDestroy 时执行 mMapView.onDestroy(),实现地图
生命周期管理
        mMapView.onDestroy();
        mMapView = null;
    }
    @Override
    protected void onResume()
    {
        super.onResume();
        // 在 activity 执行 onResume 时执行 mMapView. onResume (),实现地图
生命周期管理
        mMapView.onResume();
    }
    @Override
    protected void onPause()
    {
        super.onPause();
        // 在 activity 执行 onPause 时执行 mMapView. onPause (),实现地图生
命周期管理
        mMapView.onPause();
    }
}
```

(6) 运行结果如图 7 - 13 所示。

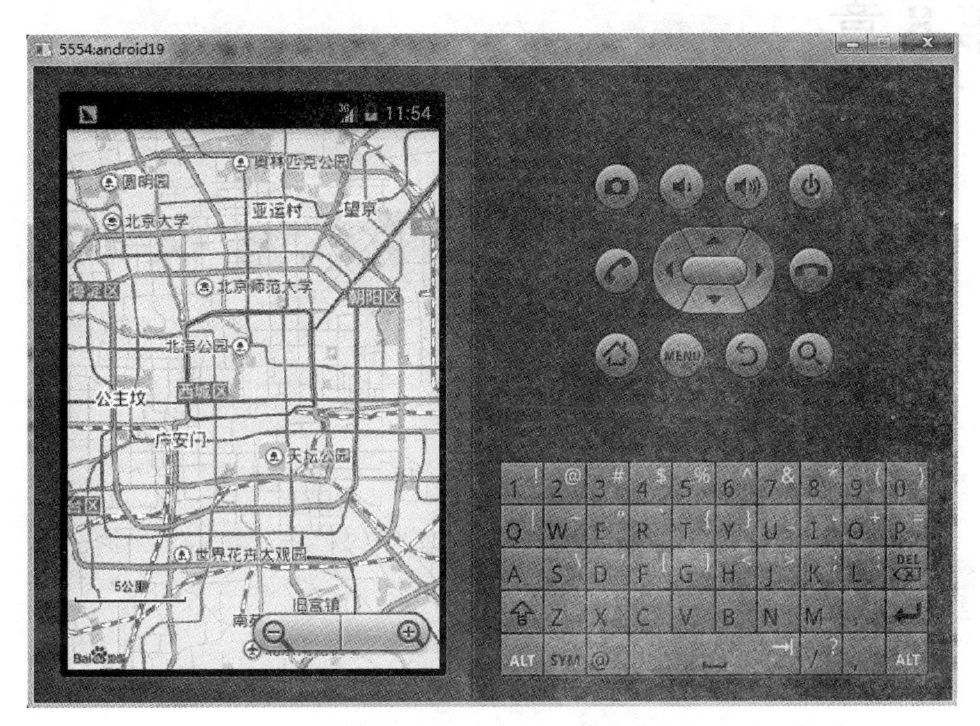

图 7 - 16　百度运行结果

本章小结

本章介绍使用 Android 开发地图应用程序中的定位和地图。介绍定位使用 Android 类的种类、作用及相互之间的关系，给出使用 Android 定位的例子；介绍 Android 访问百度地图、申请密钥的方法，并给出使用 Android 开发百度地图的示例。

第 8 章

智能终端访问网络摄像机

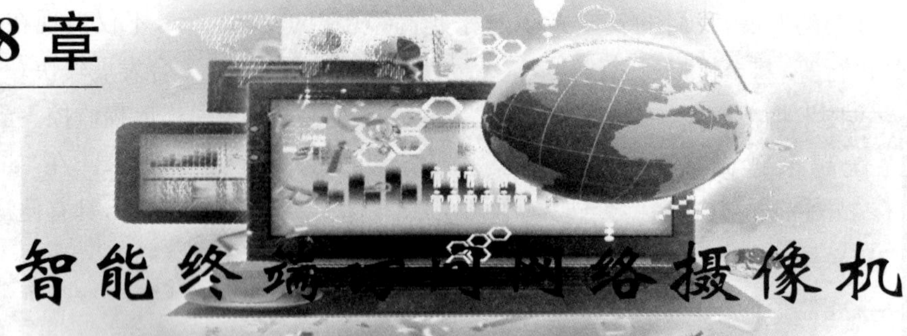

通过对本章内容的学习,你应掌握如下内容:

- 网络摄像机的用途和发展方向
- 智能手机访问网络摄像机的系统结构
- 网络摄像机的参数设置
- 智能手机端视频监控软件的实现

章首引语:近几年来,监控技术正在由模拟向数字转换,IP 摄像头已经占到市场的15%左右,并且呈现爆炸增长的趋势。IP 摄像头大量使用互联网设备和技术,系统的维护和管理与传统模拟技术相比具有明显的优势。特别是对于高清视频的应用,IP 技术更是唯一的选择。

§8.1 手机视频监控简介

安防产业是全球飞速增长的一种高科技产业,在中国数字安防产业最近几年刚刚崛起,在国内政策的引导和扶植下,正以惊人的速度发展,具有广阔的市场前景和潜力。而手机视频监控系统作为该领域的一种新型技术和产品,凭借在技术上与 IP 网络无缝兼容以及所提供的远程实时视频处理能力和其他网络应用,一出现就以每年 20%的增长速度迅速成为市场增长最快的一个产品，已经与经营多年的模拟监控系统并驾齐驱。

随着社会的发展，我们的安全意识越来越高，现在的安防监控，不仅出现在公司、工厂、交通、银行等，甚至慢慢进入个人家庭。特别是手机和监控的结合发展较快。

嵌入式技术将视频监控、网络以及通信技术结合在一起，实现了远程监控。当网络视频监控系统越来越成熟后，人们又对视频监控提出了更高的要求。在“anyTime，anyWhere，anyDevice”（任何时间、任何地点、任何设备）等概念的引导下，具有便携性特色的手机监控系统成为一大亮点。

移动视频监控的特点如下：

(1) 移动视频监控可以通过手机或电脑随时随地实现远程监控，一切尽在掌握。可以用手机或电脑查看商铺、办公室、家中宠物、小孩和老人的情况等。无论身在何处，都能轻松管理！

(2) 智能安防报警发生异常情况（如火警、盗警、煤气泄漏等）时，系统自动向手机发送彩信或发送邮件到指定电子邮箱，可以在第一时间得知信息并迅速采取措施。

(3) 智能家电控制随时随地，轻轻一按手机键或电脑键盘，就能开关家中的家电。

(4) 被监控区域的画面只要一有改变，手机用户就会在第一时间收到警报，并可看到“现场直播”的画面。一旦监控区域发生偷盗、火灾等异常情况，系统就会主动向手机用户报警。

手机视频监控实际上就是把手机作为视频电脑监控终端接收器。只需在家中装上网络摄像头、网络路由器，然后在手机上安装相应的软件就行了。路由器通过有线网络或无线网络，借助移动通信网络，实现用手机随时随地对私家住宅、办公区域进行动态图像实时监控和实时报警。

手机视频监控是专门针对网络应用而设计的嵌入式监控设备，强大的客户端软件实现对多台视频服务器的集中监控和管理，方便组建大型视频监控系统；手机视频监控具备视频服务器的所有功能，同时增加了手机远程视频监控和报警功能及手机远程智能家居控制，是汇集网络远程智能控制、手机远程视频监控、手机远程智能控制功能于一体的新一代安防产品。

手机视频监控与传统监控系统的区别如下：

(1) 成本与连接方式：手机视频监控报警系统成本低，无线远程传输。传统监控系统安装成本高，使用大量材料。

(2) 主机：手机视频监控报警系统用远程服务器，传统监控系统所用的电脑主机价格贵。

(3) 传输效果：都是实时监控，图像清晰。

(4) 报警功能：手机视频监控报警方便，传统监控系统不如手机视频监控报警方便。

(5) 特殊功能：手机视频监控报警系统在监控对象没有任何反应时，系统已经报警。监控对象可以人为破坏传统监控系统监控设备，不能当场被发现。

(6) 安全保障：手机视频监控报警系统接到报警后可以第一时间处理，保障率可达

100%(没有损失)。传统监控系统是在出事后提供录像、等待公安破案(损失不可估量)。

(7) 对讲功能:手机视频监控报警系统可支持双向语音对讲。传统监控系统没有此功能。

(8) 监控功能:手机视频监控报警系统中使用手机和互联网均可远程监控。传统监控系统只能视频实时监控。

§8.2 网络摄像机

网络摄像机(IP camera,简称 IPC)是一种结合传统摄像机与网络技术所产生的新一代摄像机,它可以将影像通过网络传至地球另一端,且远端的浏览者不需用任何专业软件,只要通过标准的网络浏览器(如 Microsoft IE 或 Netscape)即可监视其影像。网络摄像机一般由镜头、图像、声音传感器、A/D 转换器、控制器、网络服务器、外部报警、控制接口等部分组成。

网络摄像机由网络编码模块和模拟摄像机组合而成。网络编码模块将模拟摄像机采集到的模拟视频信号编码压缩成数字信号,从而可以直接接入网络交换及路由设备。网络摄像机内置一个嵌入式芯片,采用嵌入式实时操作系统。网络摄像机是传统摄像机与网络视频技术相结合的新一代产品。摄像机传送来的视频信号数字化后由高效压缩芯片压缩,通过网络总线传送到 Web 服务器。用户可以直接用浏览器观看 Web 服务器上的摄像机图像,授权用户还可以控制摄像机云台镜头的动作或对系统配置进行操作。网络摄像机能更简单地实现监控(特别是远程监控)、更简单地施工和维护、更好地支持音频和报警联动,完成更灵活的录像存储、更丰富的产品选择、更高清的视频效果和更完美的监控管理。另外,网络摄像机支持 Wi-Fi 无线接入、3G 接入、以太网供电(PoE 供电)和光纤接入。

网络摄像机是基于网络传输的数字化设备,除了具有普通复合视频信号输出接口 BNC 外,还有可直接将摄像机接入本地局域网的网络输出接口。

一、用途

随着网络的飞速发展,网络产品逐渐覆盖生活的各个角落。网络摄像机的发展创新,广泛应用于多个领域,如教育、商业、医疗、公共事业等。

在银行、超市、公司甚至某些家庭里使用的普通音频和视频摄像机监视系统正逐渐被网络摄像机代替,所有摄制的内容都将直接上网传播。您可以通过网络坐在家中或任何可以上网的地方,看到公共或是私人提供的实时更新的照片图像或是动态影像。

老人、孩子的自理能力一般都比较差,如果没有专人在场看护很容易发生危险,让家人难以放心,特别是在幼儿园、老人院等场所。在这些场所安装了网络摄像机,监护管理人员可以随时了解他们的活动情况,他们的家人也可以通过网络摄像机了解家人的当前情况、放心工作。

随着社会经济的发展，集团公司越来越多，各个分公司之间的商务活动非常频繁。作为企业领导层，经常需要奔波于各地巡视各下属公司、参加各类商务活动，有了网络摄像机，即使身处异地，也能通过网络及时、直观地掌握公司、工厂等的情况。

二、应用原理

网络摄像机除了具备一般传统摄像机所有的图像捕捉功能外，机内还内置数字化压缩控制器和基于 Web 的操作系统，使得视频数据经压缩加密后，通过局域网、Internet 或无线网络送至终端用户。网络摄像机可以直接接入 TCP/IP 的数字化网络中，因此这种系统主要的功能就是通过互联网或者内部局域网进行视频和音频的传输。

网络摄像机的图像压缩编码标准主要有 MPEG4，H.264，M-JPEG 等。

三、发展方向

1. 高清

“高清”这个名词基本是伴随着高清电视开始的，在多年前就开始流行。对于监控行业，真正大规模的应用始于 2010 年，这主要是因为监控技术(包括编码技术、网络技术、传输技术、存储技术等)的快速发展，高清监控成为可能，整体技术方案也逐渐成熟并逐渐被用户所接受。当然，用户对监控需求的改变，也对高清的推动起到积极的作用。

2. 标准化

继 ONVIF，PSIA 相继成立后，HDcctv 联盟成立，从而形成当前网络视频监控市场的三大标准。这些组织的成立，都是希望在网络时代推动实现监控标准统一的愿景。例如，ONVIF 希望通过全球性的开放接口标准，来推进网络视频在安防市场的应用，这一接口标准将确保不同厂商生产的网络视频产品具有互通性。成立于 2008 年 8 月的 PSIA 实体安防互通联盟，目标是为实体安防系统的硬件和软件平台创立标准化的接口，使基于 IP 网络的不同安防系统具有兼容性。而 HDcctv 联盟主要由芯片厂商与系统供货商共同成立，主要针对高画质监控系统(high definition surveillance systems)所开发的新标准，期待透过新标准开发更容易配置、成本更低的网络解决方案。

3. 智能

因为百万像素的网络摄像机能够提供更多关键细节，这可以使基于视频的智能分析获得更高的精度，大大提升了智能应用的水平，其在一些细分市场增长较快。例如，在交通领域相关的智能产品开发和应用相对比较成熟，道路状况分析、车辆统计、车牌识别、逆行、压黄线、违章停车，甚至包括交通状况的监控、违法行为的抓拍等，都已有广泛应用。

4. 红外

相对于普通摄像机的感光芯片，高清摄像机在相同尺寸的像素点成倍增加，造成感光点尺寸相应倍数的减少，所以在相同曝光情况下，相对于普通像素摄像机高清摄像机低照度性能会差很多，这就意味着高清摄像机夜晚红外补光需求的强度要比普通像素红外摄像机高得多。

与传统模拟摄像机不同，百万像素网络摄像机对于操作者及使用人员都有较高的要求。对于国内大部分工程商、集成商及用户来说，他们对传统模拟摄像机非常熟悉，对网络摄像机尚处于使用的初期阶段，所以网络摄像机在开发及设计方面，要考虑到这些用户的特性，在安装的便捷性和使用的易用性上要有充分的体现。例如，支持 PoE 供电、本地视频输出，以及方便本地调试、支持无线功能等。

四、网络摄像机种类

目前市场上的网络摄像机根据外形和功能可分为红外网络摄像机、枪式网络摄像机、半球网络摄像机、云台网络摄像机、CCD 网络摄像机、高清网络摄像机和户外防水型网络摄像机等。业内比较有名的生产厂商有黄河、海康威视、大华、唐视、波粒等。

目前网络摄像机品牌众多，根据中国品牌网(www. cHinapp. Com)的排名，最受欢迎的10大网络摄像机包括：(1) ZION 网络摄像机；(2) 龙视安网络摄像机；(3) 创世安网络摄像机；(4) 镭威视网络摄像机；(5) 凯聪网络摄像机；(6) 点击科技网络摄像机；(7) 沃仕达网络摄像机；(8) 安信威网络摄像机；(9) 警视卫网络摄像机；(10) 一号防线网络摄像机。

§8.3 系统实现

手机视频监控系统一般由监控场景、网络摄像机、路由器和网络系统、智能手机或 PAD 构成，如图 8 - 1 所示。

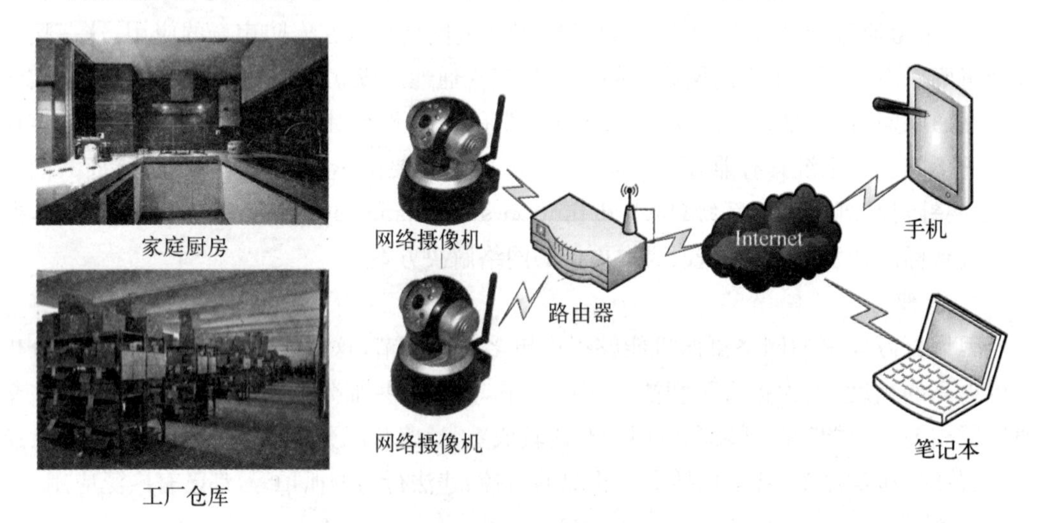

图 8 - 1 手机视频监控系统连接示意图

(1) 监控场景：可以是家庭、工厂、学校、商铺等，作为视频监控的对象。

(2) 网络摄像机：完成视频的采集、保存、编码、传送；完成云台远程命令的接收和本地控制。

(3) 智能手机作为监控客户端，通过控制网络摄像机，对云台的上、下、左、右动作进行控制，对镜头进行调焦变倍的操作，并可通过控制主机实现在多路摄像机及云台之间的切换。利用特殊的录像处理模式，可对图像进行录入、回放、处理、监控等操作。

(4) 路由器和网络部分完成网络摄像机和智能手机之间的相互网络通信。

下面将以凯聪高清网络摄像机为例进行说明。

8.3.1 介绍

凯聪高清网络摄像机的型号为 Sip1201W，如图 8－2 所示。

该系列产品的典型特点如下：

(1) 可同时支持 3 个 H. 264 种码流、1 个 M－JPEG 码流，适于本地、互联网以及跨平台访问；

(2) 分辨率支持 1280×720/640×360/320×180；

(3) 每路码流可支持 4 路视频连接；

(4) 支持双向语音功能，支持 G. 711 和 G. 726 两种语音编码；

(5) 支持 802. 11b/g/n 协议，可内置 Wi-Fi 无线模块，实现无线功能；

(6) 最大支持 32G SD/TF 卡存储，可实现告警拍照、告警录像、定时拍照、定时录像；

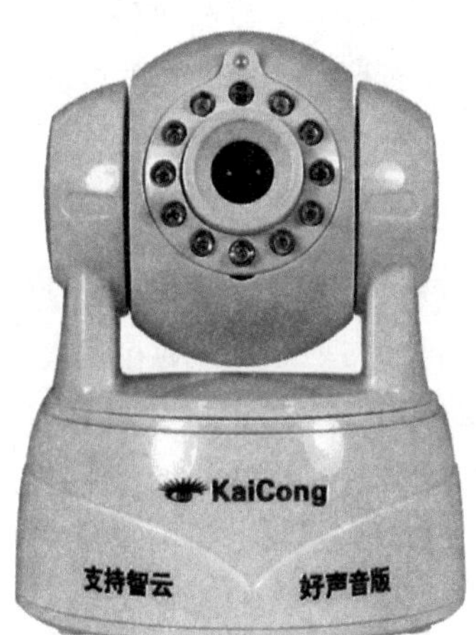

图 8－2 Sip1201W 高清网络摄像机

(7) 内置 Web 服务器，使用一个端口传送所有数据，便于用户进行网络设置；

(8) 支持 ONVIF 和 RTSP 协议，便于集成到 NVR 或大型客户端软件；

(9) 支持 WPS/QSS 功能；

(10) 网页界面支持多语言切换，支持 1/4/9 个分割画面，实现多路同时观看；

(11) 该系列部分设备支持 PoE 功能(用户可选配)；

(12) 提供免费的手机观看软件(Android 用户暂不支持)；

(13) 为每台设备分配一厂家域名，设备接入公网后，即可使用该域名访问设备；

(14) 提供免费的客户端软件，提供多画面观看、长时间录像、录像回放等功能。

产品的具体参数可参见表 8－1。

表 8－1 Sip1201W 高清网络摄像机参数

系统特色	系统安全	三级账号、密码、用户多层权管理
	自动动态域名	域名格式：http://xxxxxxx. kaicong. info
	手机观看	提供 M－JPEG 和 H. 264 三码流
	本地存储	支持 TF 卡

	监控优势	支持电脑监控、手机多画面监控，支持大部分智能手机
	集中监控系统	无用户限制的监控系统
内核	操作系统	嵌入式 Linux
	处理器	32 位 RSIC 嵌入式处理器
音频	压缩方式	ADPCM
	音频输入	内置麦克风，预留扬声器接口
	音频输出	1 路音频输出
视频	压缩方式	H. 264
	帧频率	最大 30 帧
	分辨率	最高：1280×720pix；达到 720 画质
	图像调整	亮度、对比度、饱和度可调
	传感器件	“1/3”寸 130W 像素 CMOS 高速芯片
	最低照度	红外开启，OLux
	信噪比	>50 分贝
	电子快门	1/50 秒(1/60 秒)—1/100，1000 秒
	CMOS 性能	支持自动白平衡、自动增益控制、自动背光补偿
	标配镜头	3. 6 毫米
夜视	夜视效果	IR - CUT 自动切换
云台控制	云台	水平 270，垂直 120，可设置速度，最高 70 度每秒
网络	网络接口	10Base - T/100Base - TX 以太网接口
	网络协议	TCP/IP，HTTP，ICMP，DHCP，FTP，SMTP，PPPoE，RTSP 等
	在线用户	支持 4 个用户同时观看
	无线	Wi-Fi802. 11b/g/n 无线网络
报警	输入/输出	输入 1，输出 1
	移动帧测	可设置灵敏度移动帧测
	报警通知	图像 Email，FTP 上传图像录像，短信报警

8.3.2 网络摄像机参数设置

网络摄像机的参数设置需要下载相关的软件。Sip1201W 网络摄像机需要在网址 http://www. kaicong. cc/下载软件：

（1）计算机搜索软件（Windows）：http://kaicong. net/download/KaiCongIPCameraFinder. zip；

（2）计算机集中客户端软件（Windows）：http://kaicong. net/download/

KaicongCMS. zip；

（3）智云计算机软件（Windows）：http://www. kaicong. net/download/ZhiyunCmsForPCWindows. zip；

（4）苹果手机“看看看”软件：http://itunes. apple. com/cn/app/kan-kan-kan/id571616136；

（5）Android 手机“看看看”软件：http://www. kaicong. net/download /kankankan. apk。

下载后在电脑端使用 KaiCongIPCameraFinder. zip 软件，搜索并配置局域网相关信息，如图 8－3 所示。

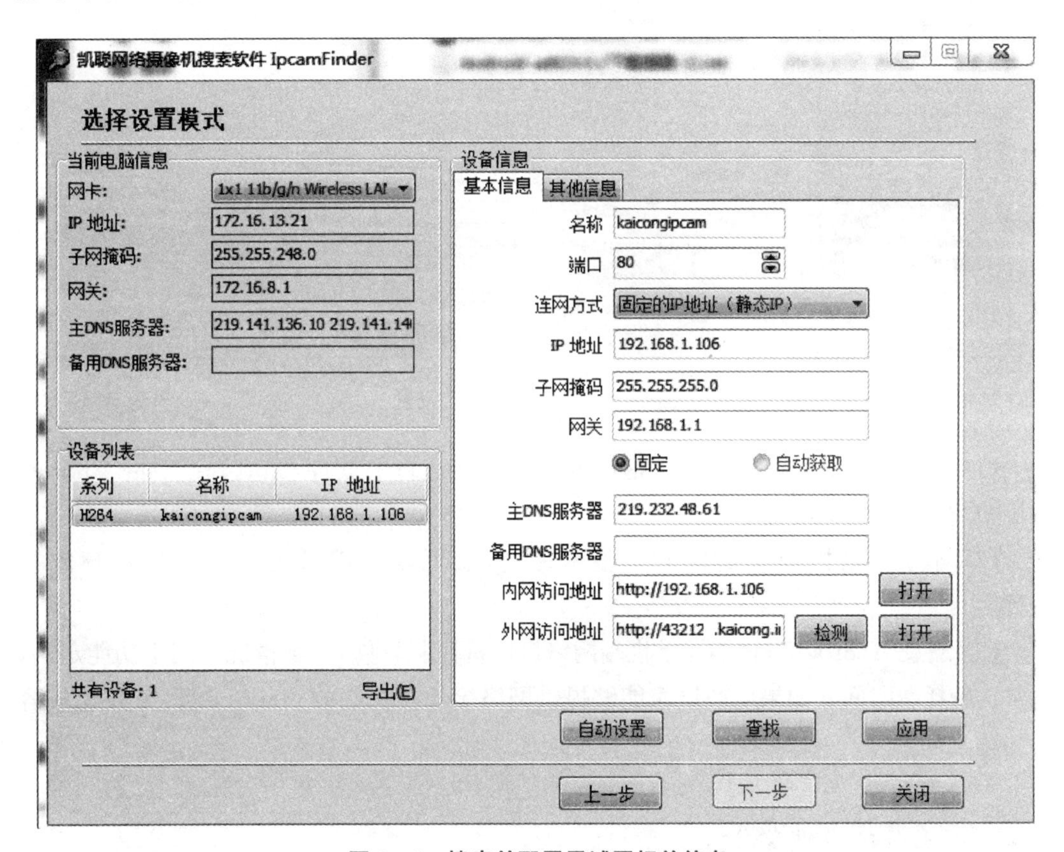

图 8－3　搜索并配置局域网相关信息

在浏览器输入网络摄像机 IP 地址：192. 168. 1. 106，输入用户名：admin，输入密码：123456，进入网络摄像机的设置界面，如图 8－4 所示。设置：视频设置、网络设置、报警设置、高级设置和系统设置，具体设置方法可参见 http://www. kaicong. cc/。

8.3.3　智能手机端视频监控软件

网络摄像机配置完成后，在智能手机安装基于 Android 的网络摄像机控制软件。目前这类软件有 3 个来源：

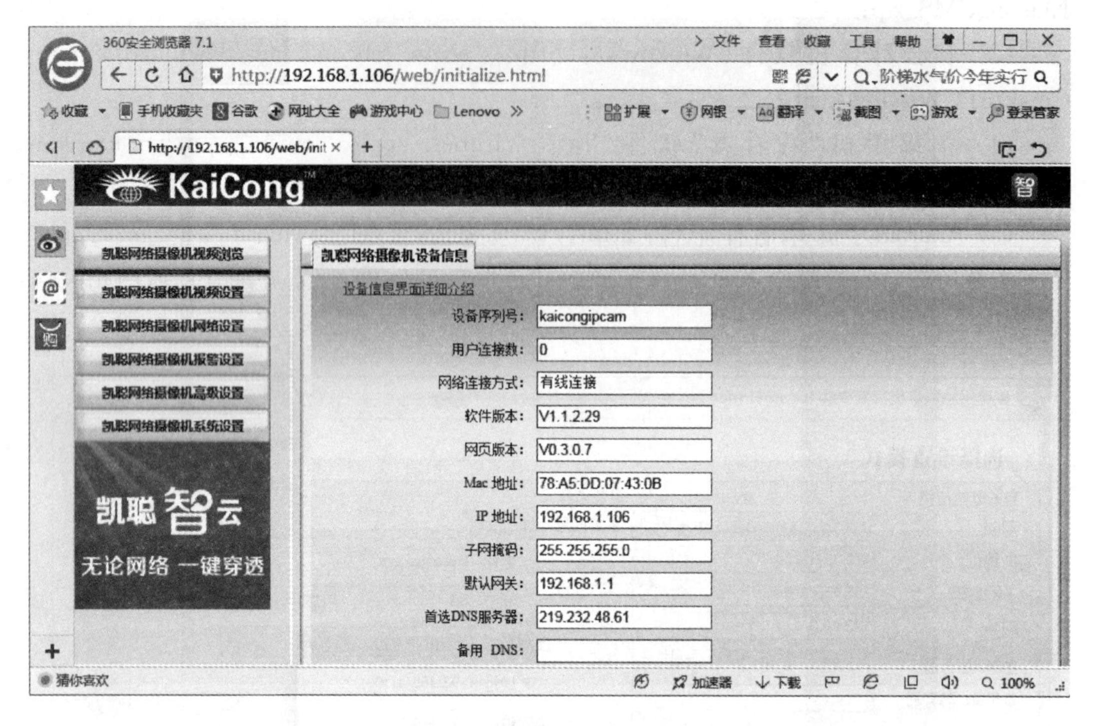

图 8-4　网络摄像机的设置

(1) 采用网络摄像机生产厂家提供的直接安装运行的软件，如凯聪提供的 Android 手机“看看看”软件。

(2) 如果网络摄像机支持 P2P 技术，手机端可以使用通用 P2P 手机视频监控软件。

(3) 通过 Android 编程编写手机端网络摄像机控制软件，这种情况适用于功能定制，通常比较耗费时间。如果生产厂家能够提供网络摄像机控制的 Android 库，开发比较容易一些。

一、“看看看”软件设置

(1) 在手机端安装厂家提供的网络摄像机控制软件：kankankan. apk，然后启动，如图 8-5 所示。

(2) 进入软件主界面，选择“我的设备”项，选择“＋”，增加网络摄像机。在增加网络摄像机界面，选择“根据 IP 号和端口”进行配置，如图 8-6 所示。

(3) 进入添加设备界面，输入名称、网络摄像机的 IP 地址、端口号，登录网络摄像机的用户名和密码，如图 8-7 所示。然后，单击“保存”按钮。

(4) 返回“我的设备”，如图 8-6 所示。点击“我的摄像机”，进入如图 8-8 所示的界面。点击“播放视频”，进入播放界面。在播放界面，通过触屏移动图像，可控制云台上下左右旋转。

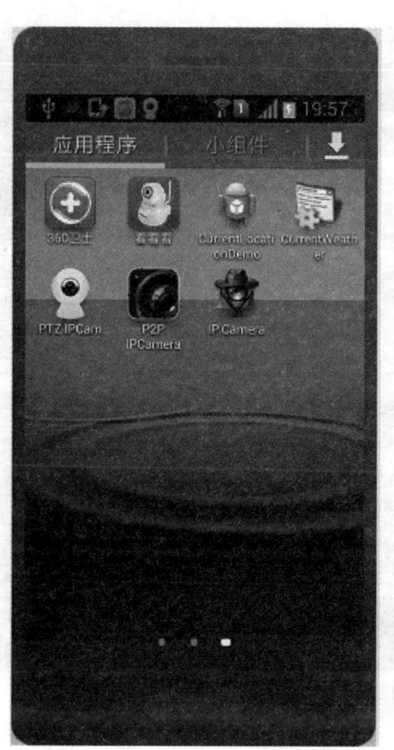

图 8-5 “看看看”软件

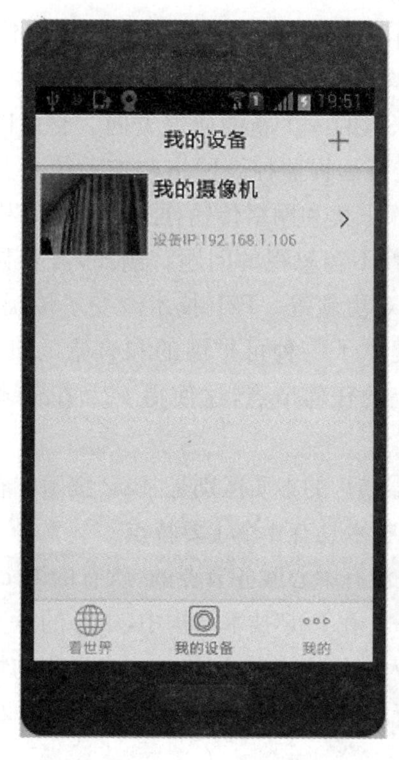

图 8-6 添加网络摄像机

图 8－7　配置设备信息

图 8－8　播放网络摄像机

二、网络摄像机手机端 P2P 视频监控软件

由于不同厂家的网络摄像机的视频编码、网络传输、云台控制的方法并不相同，目前还没有适用于所有种类的网络摄像机的手机端通用控制软件。

P2P 网络摄像机是视频监控系统逐渐兴起的一个新的研究方向。它可以让用户在任意地点使用能够接入 Internet 的计算机进行远程监控。网络监控系统主要是由网络摄像机(或者摄像机和视频服务器)完成视频采集和网络传输任务。这种结构在数据处理、网络传输方面有一定的优势，但也存在着不容忽视的问题。例如，需要为网络摄像机分配静态 IP 地址，硬件投资较大，系统很难更新等。P2P 技术改变了传统的客户端/服务器(client/server，C/S)模式，P2P 网络提供了一种可扩展的和容错的机制，不需要维护巨大的路由表信息，就可以定位网络上的任何节点，这使得 P2P 在很多领域都获得应用。

与网络中占据主导地位的客户端/服务器结构的本质区别是，P2P 技术在整个网络结构中不存在中心节点(或中心服务器)。P2P 技术具有 4 个主要特点：

(1) 去中心化。一个纯粹的 P2P 网络是没有中心服务节点的，所有的 Peer 既是客户机，又是服务器，这是 P2P 最本质的特征之一。在 P2P 技术结构中，中心的意义被大大弱化，甚至完全消失。去中心化的特点得到更为充分的体现，网络结构扁平化的特点也进一步凸显。由于完全非集中化带来实现和管理方面的困难，很多 P2P 应用采用了混合模式。

(2) 可扩展性。可扩展性被认为是 P2P 网络最重要的特性之一,P2P 网络在理论上可以无限扩展。eMule 这个开源免费的 P2P 文件共享软件在全球拥有几千万用户,在对等网络中文件分享的网络协议程序 BT 的用户数甚至超过 eMule,而且仍在快速增长。

(3) 健壮性。P2P 网络架构天生具有耐攻击、高容错的优点。由于服务是分散在各个节点之间进行的,即使部分节点或网络遭到破坏,对其他部分的影响也很小,像传统网络结构中中心节点故障而导致所有业务瘫痪的现象,几乎不会出现。

(4) 高性价比。采用 P2P 架构,可以有效地利用互联网中散布的大量普通节点,将计算任务或存储资料分布到所有节点上。利用其中闲置的计算能力或存储空间,达到高性能计算和海量存储的目的,通过利用网络中的大量空闲资源,可以用更低的成本提供更高的计算和存储能力。

基于上述 4 个特点,P2P 技术的典型应用主要包括:① 文件和内容共享(如 Napster, eMule,BT 等);② 分布式计算和存储共享(如 SETI@home,Avaki,Popular Power 等);③ 协同处理与服务共享平台(如 JXTA,NET My Service 等);④ 通信交流与协作(如 Skype,MSN,OICQ 等)。

下面将给出传统网络摄像机与 P2P 网络摄像机的区别。

(1) 传统的流媒体协议的网络摄像机的特点:

◆ 全部需要 DDNS 动态域名解析服务器(不管是厂家自建,还是第三方);

◆ 如果局域网内有两台以上的网络摄像机,必须设置路由器端口号;

◆ DDNS 解析服务极不稳定,经常中断服务或无法解析,图像传输经常中断,这是技术本身所决定的;

◆ 通过云监控、云计算的服务,建立视频转发机制,由于云监控分布全球,向每个请求转发视频图像(按需所取,按需收费);

◆ 很多云监控平台的服务商看到 DDNS 解析服务存在技术难题,不能满足用户需求,于是建立专门的云服务器群,通过云计算为网络摄像机服务,但这一服务不是免费的,正常的商业模式是按流量收费。

(2) P2P 底层通信协议的网络摄像机的特点:一种去中心化的服务通信协议,全球只需要一台服务器,就可以管理上亿台网络摄像机与监控端的通信。SKYPE 就是这种通信模式。

◆ 不需要 DDNS 动态域名解析服务;

◆ 不需要设置路由器端口号;

◆ 网络摄像机放在全球任何地方,都可以建立快速的连接及稳定的图像传输;

◆ 无需云监控、云计算;

◆ 将云计算、云存储变成私有云,NVR 可以放在全球任何地方;

◆ 视频传输具有不可破解性,能够彻底保护隐私。

支持 P2P 技术的网络摄像机的手机端视频监控软件具有一定的通用性。凯聪 Sip1201W 网络摄像机支持 P2P 技术,下面以这款摄像机为例,介绍 3 种支持 P2P 网络摄像机的手机端 Android 监控软件。

1. 凯聪智云

凯聪智云软件是上海凯聪电子科技公司自主研发的一款支持 P2P 功能的网络监控摄像机 iOS 和 Android 客户端的软件产品，它可以用来观看设备所监控的视频画面。在不需要任何设定的情况下，完成两个物体之间的握手以及视频传输。使用步骤如下。

(1) 下载软件 Android 手机智云版，下载地址为 http://www.kaicong.net/download/ZhiYunForAndroid.apk。安装并打开这个应用，如图 8-9 所示。

图 8-9 安装 Android 手机智云版

(2) 启动软件，进入摄像机操作界面，然后点击“新增摄像机”，进入设备设置界面。输入用户身份证明(user identification，UID)和密码，UID 可以自动搜索，如图 8-10 所示。

(3) 回到摄像机操作界面，然后点击新增的摄像机，进入摄像机视频操作界面。通过触屏移动图像，可控制云台上下左右旋转，如图 8-11 所示。

2. P2P 网络摄像机

P2P 网络摄像机是一款完全免费的 Android 手机客户端工具，能够通过手机操作网络摄像机。无论何时何地，只要在有网络的地方，就可以通过手机操作网络摄像机，观看网络摄像机监控下的环境，及时发现状况并进行处理。也可以通过短信的方式提醒用户查看网络摄像机监控画面出现的异常画面，并记录这一状态以便查看。下面介绍其使用步骤。

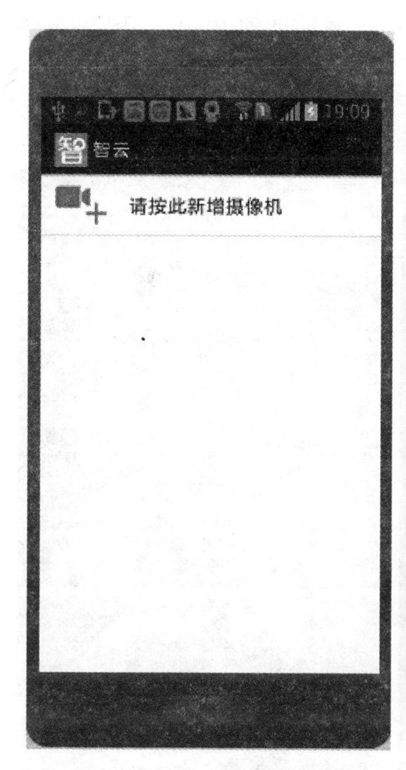

图 8－10　新增摄像机(一)

图 8－11　摄像机视频操作(一)

（1）下载 P2P 网络摄像机 Android 软件，下载地址为 http://os-android. liqucn. com /rj/378023. shtml，文件名称为 com. apexis. p2pcamlive_3. 8_liqucn. com. apk。安装并打开这个应用，如图 8－12 所示。

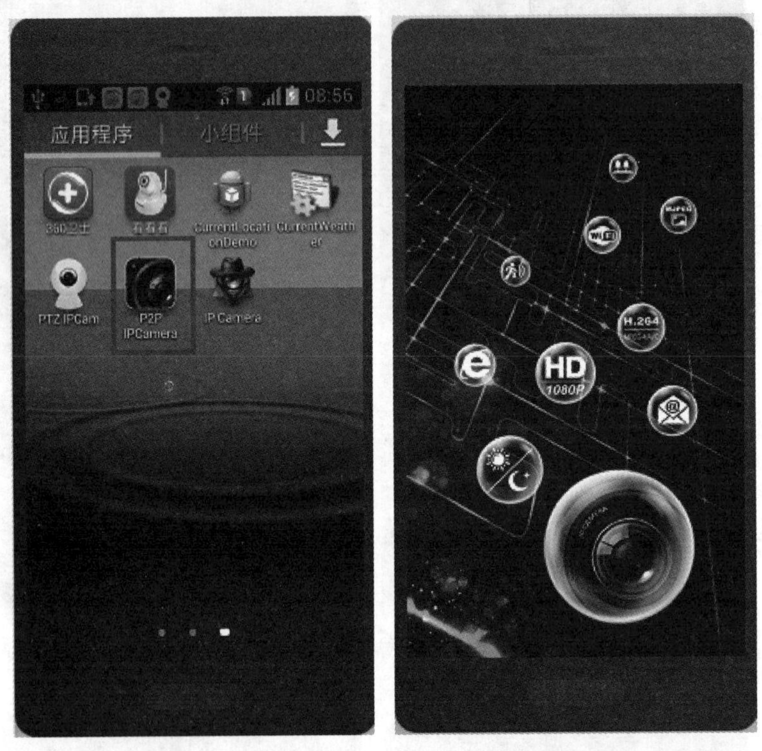

图 8－12　安装 Android 手机智云版 P2P 网络摄像机

（2）启动软件，进入摄像机操作界面，然后点击“添加”，进入设备设置界面。输入 UID 和密码，如图 8－13 所示。

（3）回到摄像机操作界面，然后点击新增的摄像机，进入摄像机视频操作界面。通过触屏移动图像，可控制云台上下左右旋转，如图 8－14 所示。

3. Tenvis P2P

腾威视频科技(Tenvis)是一家专注于数字视频压缩处理、多媒体通信以及嵌入式操作系统研究的高科技企业，生产各类网络摄像机、无线网络摄像机、高清网络摄像机及视频处理软件，为客户提供全系列的网络视频解决方案。腾威视频科技提供 P2P 网络摄像机手机端 Android 视频监控软件 TENVIS P2P. apk，软件可从豌豆荚或 http://www. appchina. com/app/com. tenvis. P2P/下载。下面介绍其使用步骤。

（1）安装并打开这个应用，如图 8－15 所示。

（2）启动软件，进入摄像机操作界面，然后点击“新增摄像机”，进入设备设置界面。输入 UID 和密码，如图 8－16 所示。也可以使用自动搜索，如图 8－17 所示。

（3）回到摄像机操作界面，然后点击新增的摄像机，进入摄像机视频操作界面。通过触屏移动图像，可控制云台上下左右旋转，如图 8－18 所示。

图 8-13　新增摄像机(二)

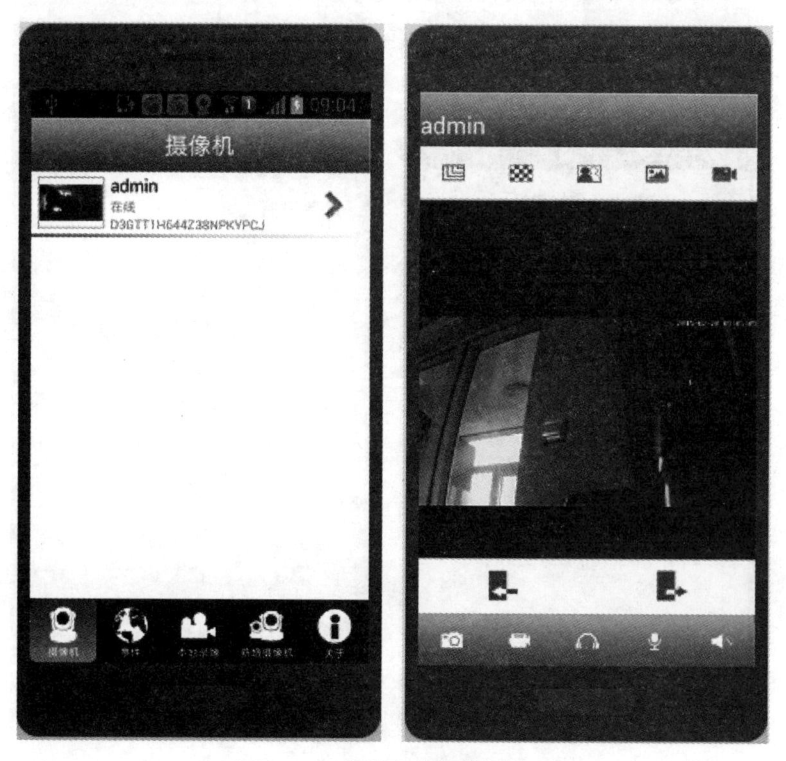

图 8-14　摄像机视频操作(二)

图 8 - 15　安装 Tenvis P2P 手机端 Android 版

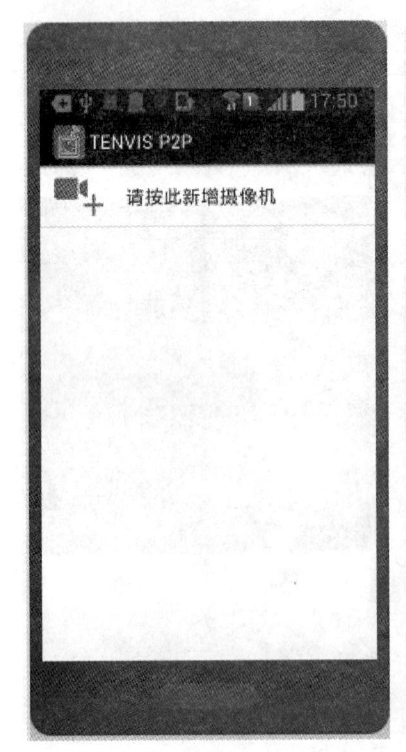

图 8 - 16　新增摄像机(三)

图 8 - 17　自动搜索摄像机

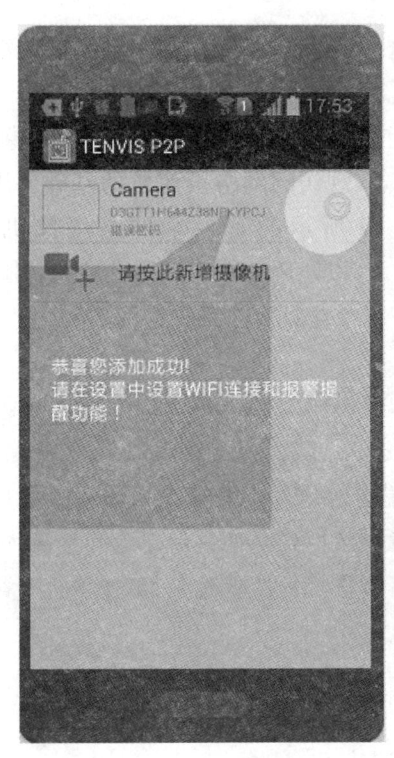

图 8 - 18　摄像机视频操作(三)

三、网络摄像机手机端控制软件定制开发

在有些情况下，由于功能的需要，目前通用的P2P网络摄像机手机控制软件不能满足，那么就需要在手机监控客户端定制开发网络摄像机。下面的示例是某公司需要的网络摄像机手机控制端的要求，需要在Android系统手机上完成以下功能：

(1) 要实现内部局域网的网络摄像机通过路由器映射进入公网后在手机端观看；

(2) 其中Wi-Fi摄像机传送720P/H. 264格式图像，要求Wi-Fi摄像机与手机都连接到无线访问接入点(wireless accesspoint，AP)后，手机可以同时看到4路图像；

(3) 手机可同时预览4路720P分辨率图像和单路1080P图像，可以点击全部进行录像，也可以选择其中一路进行录像；

(4) 在手机上录像回放要实现暂停、向前或向后逐帧播放、快播或慢播；

(5) 可将摄像机中TF卡的数据下载备份到手机SD卡中。

```
ipcamera.jar
  com.misc
  com.misc.objc
    CFReadStream.class
    CFRunLoop.class
    CFRunLoopTimer.class
    CFStream.class
    CFStreamClientCallBack.class
    CFStreamPair.class
    CFWriteStream.class
    NSArray.class
    NSData.class
    NSDictionary.class
    NSMutableArray.class
    NSMutableData.class
    NSMutableDictionary.class
    NSNotification.class
    NSNotificationCenter.class
    NSRange.class
    NSSelector.class
  net.reecam
    AVIGenerator.class
    ConfigContentHandler.class
    Configuration.class
    IpCamera.class
    IPCameraLibActivity.class
    SimpleAudioTrack.class
    StreamType.class
```

图8-19　网络摄像机的自定义Android库

编写这类Android手机端网络摄像机控制软件，可采用以下几种方法：

(1) 首先编写一个手机端网络摄像机控制的Android库，实现访问网络摄像机的基础公用功能。例如，图8-19所示的是一个网络摄像机的自定义Android库，可以使用这个库编写完整的功能软件。

(2) 可参考类似软件完成编写。

随着网络的飞速发展，网络产品逐渐覆盖生活的各个角落。网络摄像机广泛应用于教育、商业、医疗、公共事业等多个领域。本章介绍网络摄像机的用途和发展方向，详细介绍智能手机访问网络摄像机的系统结构、网络摄像机的参数设置、智能手机端视频监控软件的实现等。

第 9 章

智能终端访问智能电表或智能插座

通过对本章内容的学习，你应掌握如下内容：

- 读写智能电表或插座的接口格式
- 智能手机访问智能电表或插座的方案
- Android 访问智能电表或智能插座

章首引语：随着个人和产业以创新性的方式来使用联网设备和网络，构成物联网的设备数量持续快速增长。机器到机器通信具有无限的可能性，对于正在兴起的智能能源来说是一个比较突出的技术领域。随着家庭电表、个人设备和电器开始相互连接，将形成一个更大的和更加全面的环境，有利于人们做出更加明智的能源消费决策。把家庭与本地互联网中的联网设备连接到智能电网，可以实现业主与电力公司之间的双向通信，这样的情景正在日益成为现实。

§9.1 物联网简介

如何通过有节制的生活（如少用空调和暖气、少开车、少坐飞机等），如何通过节能减耗技术减少工厂和企业的碳排放量，已经成为最重要的环保话题。

物联网在对现有信息产业成果继承和发展的基础上，已日益成为世界各国战略性新兴产业的重要内容。对物联网产业的培育和发展已在世界范围展开，并被公认为是继蒸汽机、计算机之后世界信息产业的第三次浪潮。

如果说之前的信息化主要是指人类行为，那么，物联网时代的信息化则将人和物都包括进去，地球上的人与人、人与物、物与物的沟通与管理，全部将纳入新的信息化世界。在物联网的世界里，物物相联，天罗地网。

物联网的概念早在1999年就被提出，现已成为电子信息领域最受关注的热点领域，被业界视作下一个超万亿元级产业。虽然迄今还没有统一的定义，但大致是指通过射频识别（radio frequency indentification，RFID）、红外传感器、全球定位系统、激光扫描器等信息传感设备，按约定的协议，把任何嵌入包含其信息的可识别智能芯片的物品与互联网连接起来，进行信息交换和通信，以实现智能化识别、定位、跟踪、监控和管理的一种网络。由此可见，物联网最重要的职能是通过基于这些交互信息提供的智能决策和服务。

物联网究竟会给人类社会带来哪些变化呢？欧盟认为，物联网的发展将为解决现代社会问题做出重大贡献：健康监测系统将帮助人类应对老龄化问题，"树联网"能够制止森林过度采伐，"车联网"可以减少交通拥堵，"电子呼救系统"在汽车发生严重交通事故时可以自动呼叫紧急救援服务，等等。

据欧盟委员会副主席内莉·克罗斯介绍，最近在欧洲有科学家在一幢大楼里安装了2万多个传感器，通过安装传感器，大楼里的空调实现节能30%。在欧盟建筑能耗占全部能耗的40%左右，如果建筑能耗下降30%，就意味着欧盟地区总能耗下降约8%～10%，这对控制碳排放意义重大。目前瑞典已经在全国建立起由85万个智能电表组成的智能电子信息系统，让电力公用企业足不出户就可以对电力的使用情况进行远程监控，电力公司再不用派人在冬天冒着严寒去读表，用户也不再需要靠评估来计算自己的能源消费量，从而节省了大量的资金和能源。

中国移动通信公司董事长兼总经理王建宙介绍："物联网通过传感设备，把物体的各种数据和信息实时接收，通过互联网传递到处理层，再利用云计算和模糊识别技术，把收到的信息处理为对生产生活、工作经营有用的信息。例如，我们正和农业部合作，利用二维码记录牛羊等家畜的成长过程，到时候利用普通的手机就可以查到牛肉生产的全过程。物联网技术对于确保食品安全就能发挥很大的作用。"

随着智能手机、无线支付、无线订购这类日常智能应用的日益普及，智能交通、电子化医疗体系、智能化制造业、绿色信息技术等大型系统项目不断推广，或许在5～10年之后物联网就会像现在的因特网一样，成为人们日常生活中不可或缺的伙伴。

电是现代生活必不可少的基本能源，但将"智能"与"用电"挂钩，对大多数人来说还很新鲜。在全球倡导低碳经济的大环境下，依托物联网技术、无线通信技术、计算机技术、网络技术而实现的智能电表系统，可实现电能信息的即时采集和分析，以及各系统的智能化控制管理，使能源的提供与使用实现高效化、智能化。可以让用户实时了解家中或企业的用电情况，并依照浮动电价的变更时间，选择最佳的节电方式。

以往我们只知道一个月一共用了多少电，现在依赖智能电表系统，仅用手机就可以实时查看自家的用电情况，并测算出各种电器的耗电量，这就像在家里请了个“电保姆”一样。

手机能实时显示用电参数，源于欧洲的智慧电力系统。智能电表是智能电网的智能终端，能存储、处理、反馈大量用电信息。通过这些信息，电力管理部门可以了解不同负荷的用电结构及逐年变化趋势，为电网调度和经济运行提供原始资料。

智能电表的神奇不仅体现在智能分析家庭用电中，还体现在利用精细化的用电数据，分析倒推企业管理与生产工艺的革新。大企业大多是一年电费达到上千万元的工业企业，企业应用智慧电力系统后将形成一个用电数据库，各生产车间的用电情况一目了然，企业主可以进行自主调节，预计年节能降耗可达10%。对电能的精打细算，将推动企业加快落后产能的淘汰，提高竞争力，甚至还可以将省下的碳排放指标交付其他企业。

智能电网建设是国家战略，国家电网公司规划在“十二五”期间实现对直供直管区域内所有用户的全覆盖、全采集、全布控。智能电表总计划安装量达到2.4亿只，预计该市场容量将达500亿～600亿元。

作为智能电网的智能终端，智能电表已经不是传统意义上的电能表，除了具备传统电能表基本用电量的计量功能以外，为了适应智能电网和新能源的使用，它还具有用电信息存储、双向多种费率计量功能、用户端控制功能、多种数据传输模式的双向数据通信功能、防窃电功能等智能化功能，智能电表代表着未来节能型智能电网最终用户智能化终端的发展方向。随着智能电网的日益发展，世界各国对于智能化用户终端的需求也日益增大，据统计，在未来5年，随着智能电网在世界各国的建设，智能电表在全球安装的数量将高达2亿只。同样，在中国，随着国家智能电网建设的进展，作为用户端的智能电表的需求也会大幅度增长，保守预计市场将会有1.7亿只左右的需求。美国政府在为升级本国电网的拨款中，就有一部分专门用于在未来3年让13%的美国家庭(1 800万户家庭)能装上智能电表。在欧洲，意大利和瑞典已经完成先进计量基础设施的部署，将所有普通电表更换为智能电表。法国、西班牙、德国和英国预计在未来10年内也将完成智能电表的全面推广和应用。

为了实现电能计量自动化，智能电表目前一般提供串行接口，以编码方式进行远方通信。因为它传输的不是脉冲信号，所以更为准确、可靠。按照智能电表输出接口通信方式的不同，可分为低压配电线载波接口和RS485接口两种类型。

智能插座和智能电表的功能基本相同，不同的是提供的参数有所不同。

下面将举例进行说明。

9.1.1 RS485接口智能插座

下面以山东力创科技有限公司生产的单相二三极86型面板式计量插座为例进行说

明。插座的面板如图 9－1 所示。

图 9－1　单相二三极 86 型面板式计量插座

一、产品功能

（1）安全电气转接功能：可替换 86 型面板插座，实现电气连接和计量功能。

（2）电能计量功能：检测用电器（负载）的电量、电流、电压、有功功率等信息，液晶显示屏数字化显示，停电后保留电能累计值。

（3）通信功能：内带 485 通信功能，支持 MODBUS－RTU 通信规约。

（4）开关控制功能：可使用通信接口控制插座内部开关的“闭合”或“断开”。

（5）过流保护功能：当负载电流超过插座额定电流 10 秒后，显示屏闪烁报警并断开内部开关，停止供电。

二、性能参数

（1）额定电压：市电 220 伏/50 赫兹；

（2）额定电流：10 安；

（3）计量精度：电压、电流 0.5 级；功率、电量 1 级；

（4）尺寸：86 毫米×86 毫米×33.5 毫米；

（5）执行标准：GB2099，GB1002；

（6）铜件材料：磷铜；

（7）外壳材料：前面板，PC 合金工程塑料；后盖，PA66；

（8）保护功能：安全保护门；

（9）工作温度：－10～60℃；储存湿度：≤85% RH。

三、显示说明

插座安装通电后，将按照“电量”、“电流”、“电压”、“功率”的顺序循环显示，每 3 秒钟切换一次，如图 9－2 所示。

图 9－2　电参数循环显示

各参数的显示范围如下：

(1) 电量：0.000～99 999.9 度；

(2) 电流：0～10 安；

(3) 电压：180～260 伏；

(4) 功率：1～2 200 瓦(2 000 瓦以上电器设备不可长时间使用)。

四、接线原理

接线原理可参见表 9－1。

表 9－1　接线原理

引出线符号	含　　义
A＋(黄)	RS485 接口信号正，A
B－(绿)	RS485 接口信号负，B
＋5V(红)	直流＋5 伏电源输入
GND(黑)	直流电源输入地，也为 RS485 的信号地

五、面板式计量插座模块 MODBUS－RTU 规约通信数据表及数据处理说明

1. 系统参数寄存器

系统只读参数寄存器地址和通信数据可参见表 9－2。

表 9－2　系统只读参数寄存器地址和通信数据表(功能码 03H，只读)

序号	寄存器地址	参数符号	说明
1	0000H～0003H		保留

系统配置参数寄存器地址和通信数据可参见表 9－3。

表 9－3　系统配置参数寄存器地址和通信数据表(功能码 03H 读、10H 写)

序号	寄存器地址	参数符号	说　　明
1	0004H	ADDR，BPS	① 高字节 8 位为地址，1～247；0 为广播地址； ② 低字节的高 2 位为数据格式位： 为“00”时表示为 10 位，即“n，8，1”； 为“01”时表示为 11 位，偶校验，即“e，8，1”； 为“10”时表示为 11 位，奇校验，即“o，8，1”； 为“11”时表示为 11 位，无校验，2 停止位，即“n，8，2”； ③ 低字节的低 4 位为波特率：03～07 表示 1 200－19 200BPS；默认值 6。
2	005H～00BH		保留

电能量寄存器地址和通信数据可参见表 9－4。

表 9－4　电能量寄存器地址和通信数据表(功能码 03H 读、10H 写)

序号	寄存器地址	参数符号	说　　明
1	000CH	+KWh	有功总电能(高位)
	000DH		有功总电能(低位)
	00EH～03FH		保留

注: (1) 脉冲当量为 3 200 imp/KWh,即读取的数据值/3 200 为实际的电度数;
(2) 配置电量底数时的计算:4 字节配置数据＝需配置的电度数 * 3 200;
(3) 清电度数据使用功能码 10H,写入的数据必须都为 0,写入其他数据则无效。

写寄存器的所有信息可参见表 9－5。

表 9－5　写寄存器的所有信息

序号	起始地址	写寄存器数量	字节计数	数　　据	说　　明
1	000CH	0002	4	00 00 00 00	清除有功总电能

例如:清除 1 号模块的有功总电能,则有

命令:01 10 000C 0002 04 00 00 00 00 F3 FA;响应:01 10 000C 0002 81 CB

2. 模块电量等寄存器(功能码 03H)

模块电量等寄存器地址和通信数据可参见表 9－6。

表 9－6　模块测量电量寄存器地址和通信数据表(功能码 03H,只读)

序号	电量符号	瞬时值地址	说　明	参数类型及计算
1	U	0048H	电压	无符号数;值＝DATA/100;单位为伏
2	I	0049H	电流	无符号数;值＝DATA/1 000;单位为安
3	P	004AH	有功功率	无码方式数据;值＝DATA;单位为瓦
		004BH～053H	保留	

注: 每个寄存器地址对应的数据为 2 个字节,所有数据为十六进制数。

3. 开关量寄存器(功能码 01H 读、05H 写)

开关量寄存器地址和通信数据可参见表 9－7。

表 9－7　开关电量寄存器地址和通信数据表(功能码 03H,只读)

序号	开关量地址	说　　明
1	0000H	继电器控制用电器开关
2	0001H～0007H	保留

MODBUS通信规约中的寄存器指的是16位(即2字节),并且高位在前。设置参数时,注意不要写入非法数据(即超过数据范围限制的数据值)。

从机返送的错误码(CRC码除外)格式如下:

◆ 地址码:1字节;

◆ 功能码:1字节(最高位为1);

◆ 错误码:1字节;

◆ CRC码:2字节。

从机响应回送如下错误码:

◆ 81:非法的功能码,接收到的功能码EDA模块不支持;

◆ 82:读取或写入非法的数据地址,指定的数据位置超出EDA模块可读取或写入的地址范围;

◆ 83:非法的数据值,接收到主机发送的数据值超出EDA模块相应地址的数据范围。

4. 通信协议说明

(1) 功能码03(0x03):读多路寄存器。

◆ 起始地址:0000H~0050H,超过范围命令无效;

◆ 数据长度:0001H~0020H,最多可一次读取32个连续寄存器;

◆ 起始地址+数据长度:1~0051H,超过范围命令无效。

例9-1 主机要读取地址为01、开始地址为0008H的2个从机寄存器数据。

主机发送: 01 03 0008 0002 CRC

地址 功能码 起始地址 数据长度 CRC码

从机响应: 01 03 04 0106 0001 CRC

地址 功能码 返回字节数 寄存器数据1 寄存器数据2 CRC码

(2) 功能码10(0x10):写多路寄存器。

◆ 起始地址:0004H~0037H,超过范围命令无效;

◆ 寄存器数量:0001~0010H,最多可一次设置16个连续寄存器;

◆ 起始地址+写寄存器数量:0001H~0038H,超过范围命令无效。

例9-2 主机要清除电量,需要将000C和000D寄存器的值写入0(从机地址码为01)。

主机发送: 01 10 00 0C 00 02 04 00 00

地址 功能码 起始地址 写寄存器数量 字节计数 保存数据1

00 00 F3 FA

保存数据2 CRC码

从机响应: 01 10 00 0C 00 02 81 CB

地址 功能码 起始地址 写寄存器数量 CRC码

注意:清电度数据,使用功能码10H,写入的数据必须都为0,写入其他数据则无效。

(3) 功能码01(0x01):读开关量输出。

◆ 起始地址：0000H～0007H，超过范围命令无效；

◆ 数据长度：0001H～0008H，最多可一次读取 8 个连续开关状态；

◆ 起始地址＋数据长度：1～8H，超过范围命令无效。

例 9－3　主机要读取地址为 01、开始地址为 0000H 的 1 个从机开关量输出。

主机发送：	01	01	00 00	00 01	FD CA
	地址	功能码	起始地址	数据长度	CRC 码
从机响应：	01	01	01	01	90 48
	地址	功能码	返回字节数	开关量数据	CRC 码

注意：本产品只有一个开关量输出，地址为 0000。

(4) 功能码 05(0x05)：写单路寄存器。

起始地址：0000H～0007H，超过范围命令无效，开关两输出状态。

例 9－4　主机要设置地址为 1，第 0 路开关量闭合。

主机发送：	01	05	00 00	FF 00	8C 3A
	地址	功能码	起始地址	开关量输出状态	CRC 码
从机响应：	01	05	00 00	FF 00	8C 3A
	地址	功能码	起始地址	开关量输出状态	CRC 码

例 9－5　主机要设置地址为 1，第 0 路开关量断开。

主机发送：	01	05	00 00	00 00	CD CA
	地址	功能码	起始地址	开关量输出状态	CRC 码
从机响应：	01	05	00 00	00 00	CD CA
	地址	功能码	起始地址	开关量输出状态	CRC 码

9.1.2　无线智能插座

Zigbee 无线智能插座采用 LCDG－MB2－72710－100 无线智能面板式用电管理器，实现远程监控、计量显示、远程抄表，面板如图 9－3 所示。

图 9－3　Zigbee 无线智能插座

此产品是基于 Zigbee 技术研发的一款新型产品，在产品计量与控制的基础上加入无线终端设备支持与无线网络，可以无线传输插座的电参数与远程控制用电设备。

产品采用墙壁式内嵌结构，便于安装以及房间整体的美观。液晶大字符显示可以直观反映用电设备的用电情况。

产品具有锁定用电状态的功能，即远程服务器命令产品锁定，产品在接收到解锁命令之前，在非锁定状态下按键可以自由控制继电器。

Zigbee 无线智能插座广泛应用于各种工业控制与测量系统，以及各种集散式/分布式电力监控系统。可以实现如下的功能：

（1）电压、电流、功率的实时测量；

（2）电能与用电时间的实时计量；

（3）电能、功率、用电时间的实时显示；

（4）Zigbee 无线通信协议；

（5）时段控制；

（6）用电管理；

（7）意外事件的记录。

9.1.3 智能电表

一、功能及特性

本智能电表为单相电子式电能表，可计量电压、电流、有功功率、无功功率、视在功率、功率因数、频率、有功电能及无功电能，包含 LCD 显示屏，可显示电压、电流、有功功率、功率因数及有功电能。具有电能脉冲输出功能。采用 RS485 通信接口与上位机实现数据交换，方便应用于电能消耗的自动化监控与管理。

本智能电表支持 MODBUS－RTU，DL/T645－2007，DL/T645－1997 这 3 种通信协议，默认采用 MODBUS－RTU 协议通信。

二、接口功能及连接

接口功能及连接可参见图 9－4。

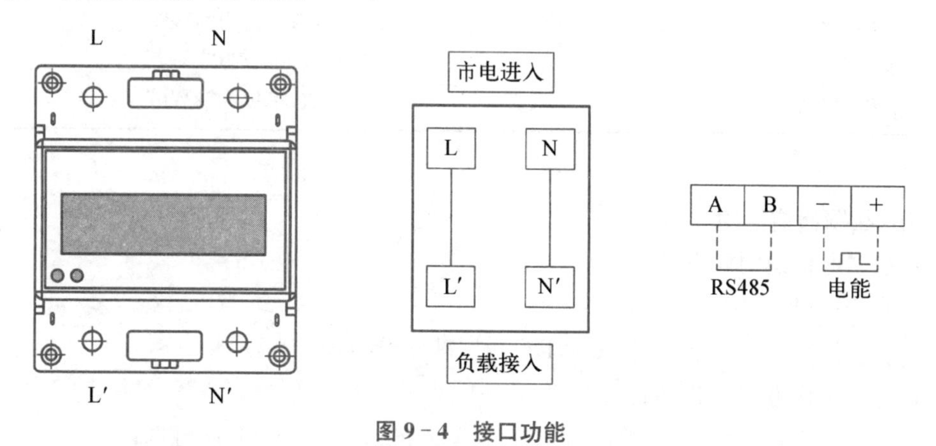

图 9－4　接口功能

三、LCD 显示屏及指示灯的功能

LCD 显示屏如图 9－5 所示，指示灯的功能可参见表 9－8。

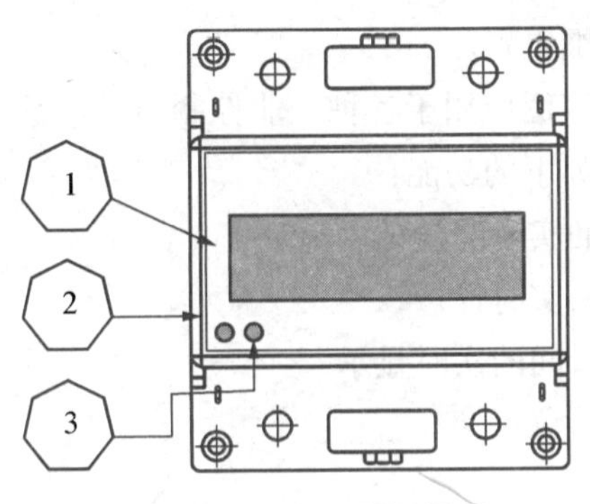

图 9-5　LCD 显示屏

表 9-8　LCD 显示屏说明

编号	名　称	状　　态	功　能　描　述
1	LCD		液晶显示
2	运行	指示灯闪烁	运行指示
	通信	指示灯闪烁或熄灭	通信指示
3	脉冲	指示灯点亮	有功电能脉冲指示

在默认状态下，LCD 屏循环显示电压、电流、有功功率、无功功率、功率因数、有功总电能、无功总电能、频率及各种协议的地址等，循环显示时间为 2 秒。显示内容及数据格式可参见表 9-9。

表 9-9　显示内容及数据格式

名　　称	格　式	格　式　说　明
电压	×××.×	一位小数，单位为“V”
电流	××.×××	三位小数，单位为“A”
有功功率	××.×××	三位小数，单位为“kW”
功率因数	×.×××	三位小数，单位为“cos ϕ”
有功总电能	××××××.×	一位小数，单位为“kWh”

四、数据通信说明

对数据通信说明如下：

◆ 通信接口：RS485；

◆ 通信接线方式：二线制(A+，B−)，屏蔽双绞线；

◆ 通信工作方式：半双工；

◆ 通信速率：9 600 bps(默认)，1 200 bps，2 400 bps，4 800 bps 可选；

◆ 通信协议：Modbus。

1. 功能码 03(0x03)：读多路寄存器

例 9-6　主机要读取地址为 01、开始地址为 0106H 的 2 个从机寄存器数据，主机发送的报文格式可参见表9－10。

表 9－10 读多路寄存器

主机发送	字节数	发送信息	备 注
从机地址	1	01	发送到地址为 01 的从机
功能码	1	03	读取寄存器
起始地址	2	0106	起始地址为 0106H
数据长度	2	0002	读取 2 个寄存器(共 4 字节)
CRC 码	2	25F6	由主机计算出的 CRC 码

从机响应返回的报文格式可参见表 9－11。

表 9－11 从机响应返回的报文格式

从机响应	字节数	返回信息	备 注
从机地址	1	01	来自从机 01
功能码	1	03	读取寄存器
返回字节数	1	04	2 个寄存器共 4 字节
寄存器数据 1	2	2710	地址为 0106 寄存器的内容
寄存器数据 2	2	1388	地址为 0107 寄存器的内容
CRC 码	2	FC14	由模块计算得到的 CRC 码

2. *功能码 10(0x10)：写多路寄存器*

主机利用这个功能码把多个数据保存到从机的数据寄存器中。MODBUS 通信规约中的寄存器指的是 16 位(即 2 字节)，并且高位在前。

例 9－7 主机要把 0001，0014 保存到地址为 0002，0003 的从机的数据寄存器中(从机地址码为 01)。主机发送的报文格式可参见表 9－12。

表 9－12 主机发送的报文格式

主机发送	字节数	发送信息	备 注
从机地址	1	01	发送到地址为 01 的从机
功能码	1	10	写多路寄存器
起始地址	2	0002	要写入的寄存器起始地址
写寄存器数量	2	0002	要写入的寄存器个数
字节计数	1	04	要写入的数据字节长度
保存数据 1	2	0001	数据 0001 写入地址为 0002 的寄存器
保存数据 2	2	0014	数据 0014 写入地址为 0003 的寄存器
CRC 码	2	23B9	由主机计算出的 CRC 码

从机响应返回的报文格式可参见表9-13。

表9-13 从机响应返回的报文格式

从机响应	字节数	返回信息	备注
从机地址	1	01	来自从机01
功能码	1	10	写多路寄存器
起始地址	2	0002	要写入的寄存器起始地址
写寄存器数量	2	0002	要写入的寄存器个数
CRC码	2	E008	由模块计算得到的CRC码

3. MODBUS通信地址表

系统参数寄存器的地址和通信数据表可分别参见表9-14、表9-15和表9-16。

表9-14 系统只读参数寄存器地址和通信数据表(功能码03H,只读)

序号	寄存器地址	参数符号	说明
1	0000H	型号1	"DB"电表
2	0001H	型号2	"D113"型号为D113
3	0002H	U0	电压量程:数值为250,表示250伏
4	0003H	I0	电流量程:数值为600,表示电流量程为60安

表9-15 系统配置参数寄存器地址和通信数据表(功能码03H读、10H写)

序号	寄存器地址	参数符号	说明
1	0004H	(MODBUS)ADDR BPS	① 高字节8位为地址,1~247;0为广播地址; ② 低字节的高2位为数据格式位: 为"00"时,表示为10位,即"n,8,1"; 为"01"时,表示为11位,偶校验,即"e,8,1"; 为"10"时,表示为11位,奇校验,即"o,8,1"; 为"11"时,表示为11位,无校验,2停止位,即"n,8,2"; ③ 低字节的低4位为波特率:03~07表示1 200~19 200 BPS。
2	001DH 001EH 001FH	(DLT645)ADDR	6字节地址,低字节在前与其他寄存器不一致

表9-16 电能量寄存器地址和通信数据表(功能码03H读、10H写)

序号	寄存器地址	参数符号	说明
1	000CH 000DH	kWh	正向有功电能(高位) 正向有功电能(低位)

续 表

序号	寄存器地址	参数符号	说　　明
2	000EH	kWh	反向有功电能(高位)
	000FH		反向有功电能(低位)
3	0010H	kvarh	正向无功电能(高位)
	0011H		正向无功电能(低位)
4	0012H	kvarh	反向无功电能(高位)
	0013H		反向无功电能(低位)
5	0014H	kWh	有功总电能(高位)
	0015H		有功总电能(低位)
6	0016H	kvarh	无功总电能(高位)
	0017H		无功总电能(低位)

注意：(1) 实际的电度数为

DATA×电压量程×电流量程×电流变比×电压变比/18 000 000

液晶显示的数值为不带有变比的示数值；

(2) 清电度数据，使用功能码 10H，写入的数据必须都为 0，写入其他数据则无效；写寄存器的所有信息必须按照表 9－17 完成(电量清零有功、无功同时清除)。

表 9－17　清除总电能

序号	起始地址	写寄存器数量	字节计数	数　　据	说　明
1	000CH	0004	8	00 00 00 00 00 00 00 00	清除总电能

例如：清除 1 号模块的有功总电能(正向及反向电能同时清零)，则有

命令：01 10 00 0C 00 04 08 00 00 00 00 00 00 00 00 A6 6A

响应：01 10 00 0C 00 04 01 C9

注意：清电度数据时，电量寄存器严禁写入非零数据。

测量电量寄存器地址和通信数据表可参见表 9－18。

表 9－18　电量寄存器地址和通信数据表(功能码 03H，只读)

序号	寄存器地址	参数符号	说　明	参数类型及计算
1	0020H	U	电　压	无符号数；值为 DATA×U0×Ubb/10 000；单位为伏
2	0021H	I	电　流	无符号数；值为 DATA×I0×Ibb/10 000；单位为安
3	0022H	P	有功功率	有符号数； 值为 DATA×U0×Ubb×I0×Ibb/10 000；单位为瓦

续　表

序号	寄存器地址	参数符号	说　明	参数类型及计算
4	0023H	Q	无功功率	有符号数； 值为 DATA ×U0×Ubb×I0×Ibb/10 000；单位为乏(var)
5	0024H	S	视在功率	无符号数； 值为 DATA ×U0×Ubb×I0×Ibb/10 000；单位为伏安(V·A)
6	0025H	COS φ	功率因数	有符号数；值为 DATA/1 000
7	0027H	Hz	频　率	无符号数：值为 DATA/100；单位为赫兹

注意：

(1) 每个寄存器地址对应的数据为 2 个字节，所有数据为十六进制数；

(2) 有功总电能、无功总电能超过 999 999.999 kWh，自动清空相应电能；

(3) UO 的值为 250，Ubb=1，IO=600，Ibb=0.1，此 4 个值均为十进制；DATA 为十六进制。

§9.2　智能手机访问智能电表或插座的方案

智能电表或智能插座的通信接口有 RS485 串口和无线两种。目前 RS485 接口较为常见，而智能手机一般都利用蓝牙和 Wi-Fi 无线与其他设备进行通信，因此智能手机不能与智能电表或插座直接进行通信，需要专门设备对接口进行转接。下面分析两种典型的使用智能手机访问智能电表或插座的架构。

9.2.1　基于转接器的智能手机访问智能电表或插座的方案

基于转接器的智能手机访问智能电表或插座的方案如图 9-6 所示。

该方案采用 Zigbee 作为智能插座或电表与外界的通信方式，Zigbee 无线是物联网感知层使用的主要方式，符合现代物联网的发展要求。方案具有灵活的功能定制方式，可实现定时采集、定制显示、数据存储、数据分析等功能，适用于远距离环境，支持多个用户操作同一个智能插座或电表，或一个用户操作多个智能插座或电表，支持 Android 平台智能终端。其主要构成分为 4 个部分。

(1) Zigbee 协调器、控制器、转接器模块起着承上启下的作用。它是 Zigbee 协调器节点，负责组成 Zigbee 无线网络，可以连接多个 Zigbee 节点模块，每个 Zigbee 节点模块可以是一个智能电表或智能插座。负责平板电脑与 Zigbee 节点模块之间的信息转发和网络协调。

(2) Zigbee 节点模块有两种接口：RS485 和 Zigbee 无线接口。通过 RS485 与智能电

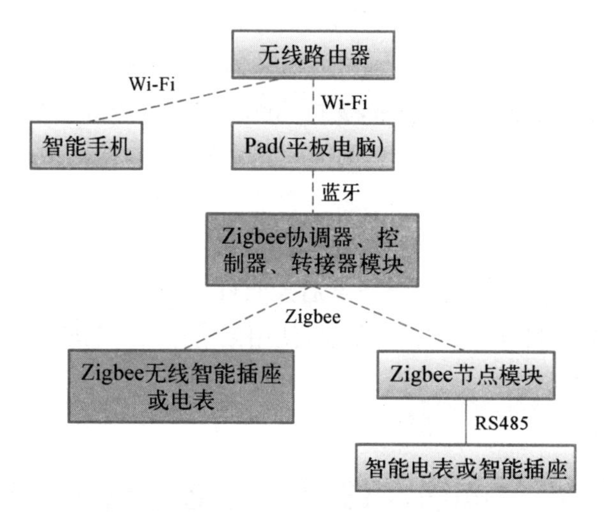

图 9－6　基于转接器的智能手机访问智能电表或插座的方案

表或插座连接，通过 Zigbee 无线接口与 Zigbee 协调器构成 Zigbee 网络，负责将 Zigbee 协调器发送的信息转发到智能电表或插座，或者把智能电表或插座发送的信息发送到 Zigbee 协调器。

(3) 平板电脑模块，向下通过蓝牙与转接器模块连接，向上通过无线路由器与智能手机连接，平板电脑内可开发定制功能的 Android 软件。智能手机发送的查询智能电表或插座的命令，由平板电脑转发到转接器模块，转接器模块再转发到 Zigbee 节点模块，去查询智能电表或插座。

(4) 智能手机作为可移动终端，可开发定制功能的 Android 软件。

9.2.2　智能手机访问 Wi-Fi 型智能插座或电表方案

智能手机访问 Wi-Fi 型智能插座或电表方案如图 9－7 所示。

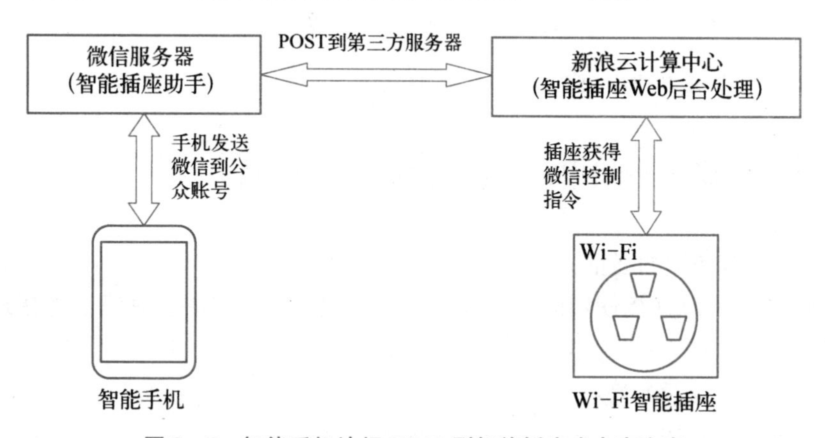

图 9－7　智能手机访问 Wi-Fi 型智能插座或电表方案

该方案采用 Wi-Fi 作为插座与外界的通信方式，包括 Wi-Fi 插座、服务器后台软件和微信公众账号 3 个部分，具有定时、计量、远程采集、数据分析与挖掘等功能，适用于远距离环境，支持多个用户操作同一个插座，支持 Android 和 iOS 等多个平台的智能终端。在实际使用中，首先将智能插座与家庭里的无线路由器相连，接入 Internet，然后使用智能手机的微信应用程序，关注定制的微信账号"智能插座助手"，通过给该公众账号发送消息来控制插座状态、查询插座运行数据等。使用 Wi-Fi 接入 Internet 网，可以突破传输距离的限制，实现远程控制等功能；使用服务器后天软件作为中转服务，能够分析所有插座的实际运行数据，获得有价值的数据挖掘信息；使用微信作为控制软件，简单有趣，无需增加用户的使用成本和学习成本。

§9.3 Android 访问智能电表或智能插座

为了说明 Android 访问智能电表或智能插座的过程，下面采用基于转接器的智能手机访问智能电表或插座的方案，其他方案可通过此例类似推出。

智能手机通过平板电脑的蓝牙接口操作智能插座或电表的过程如下：智能手机发送读电表命令，然后等待接收插座或电表数据，最后显示或写入数据库。

智能手机发送读电表命令的过程如图 9－8 所示。

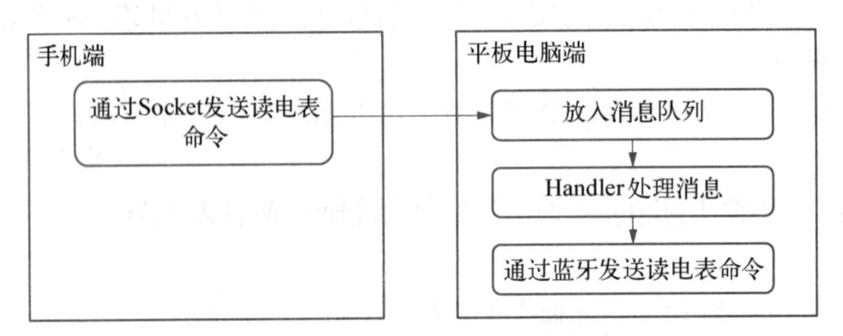

图 9－8　发送读电表命令过程

智能手机接收电表数据过程如图 9－9 所示。

9.3.1 智能手机和平板电脑之间的数据通信

Android 与服务器的通信方式主要有两种：一是 Http 通信，一是 Socket 通信。两者的最大差异在于 http 连接使用的是"请求-响应方式"，即：在请求时建立连接通道，当客户端向服务器发送请求后，服务器端才能向客户端返回数据；Socket 通信则是在双方建立起连接后就可以直接进行数据的传输，在连接时可实现信息的主动推送，而不需要每次由客户端向服务器发送请求。DatagramSocket 使用 UDP 协议的 Socket，使用 DatagramSocket 在智能手机和平板电脑之间进行数据通信。

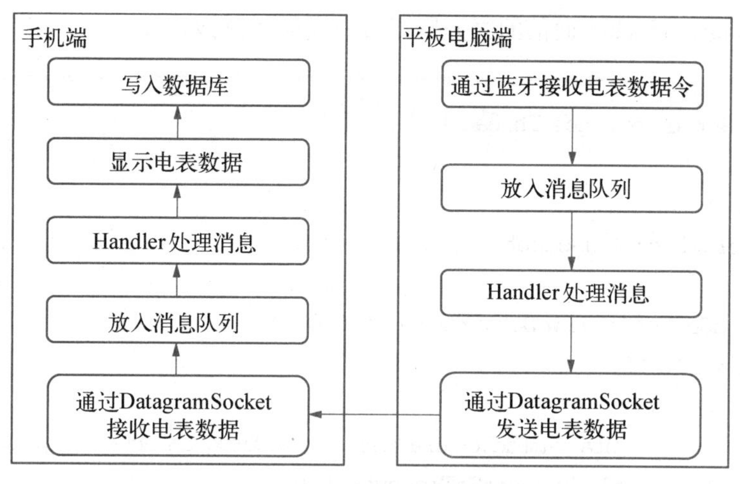

图 9-9　接收电表数据过程

使用 DatagramSocket 向服务器发送消息的代码如下：

```
public class UDPClientSocket {
/* 描述：通过 UDP 协议向服务端发送信息 */
    public static void send(String str,String ip,int port)
    {
       DatagramSocket socket = null;
       //首先创建一个 DatagramSocket 对象
       try {
           if (socket = = null) {
              socket = new DatagramSocket();
           }
       //创建一个 InetAddree
       InetAddress serverAddress = InetAddress.getByName(ip);
       byte data [] = str.getBytes("utf-8");  //把传输内容分解成字节
       //创建一个 DatagramPacket 对象,并指定要讲这个数据包发送到网络当
中的哪个、地址,以及端口号
          DatagramPacket packet = new
          DatagramPacket(data,data.length,serverAddress,port);
          //调用 socket 对象的 send 方法,发送数据
          socket.send(packet);
          socket.close();
       } catch (Exception e) {
          // TODO Auto-generated catch block
           e.printStackTrace();
       }
    }
}
```

使用 DatagramSocket 通信的服务器端为一线程,代码如下:

```
class UDPServer extends Thread {
...
public void run() {
    DatagramSocket dSocket = null;
    try {
        dSocket = new DatagramSocket(PORT);
        while (1) {
            try {
                DatagramPacket dPacket = new DatagramPacket(msg,msg.length);
                dSocket.setSoTimeout(1000);
                dSocket.receive(dPacket);
                String str = new String(msg,0,dPacket.getLength());
                Message msg = new Message();
                msg.what = 0x123;
                msg.obj = str;
                DPhandler.sendMessage(msg);
            }
        catch (IOException e)
        {
                e.printStackTrace();
        }
        catch (SocketException e)
        {
                e.printStackTrace();
        }
    }
```

9.3.2 蓝牙通信实现

设备间的蓝牙通信使用两个 Service(即服务器段 Serivce 和客户端 Service)来分别控制服务器端和客户端的蓝牙通信。每个 Service 控制着若干线程,Service 与其下属线程之间使用 Handler 进行通信,Service 与 Activity 之间的通信使用 Broadcast 进行通信,需要传递的数据通过一个自定义数据实体来进行传递。蓝牙通信的结构如图 9-10 所示。

使用蓝牙开发的具体步骤如下。

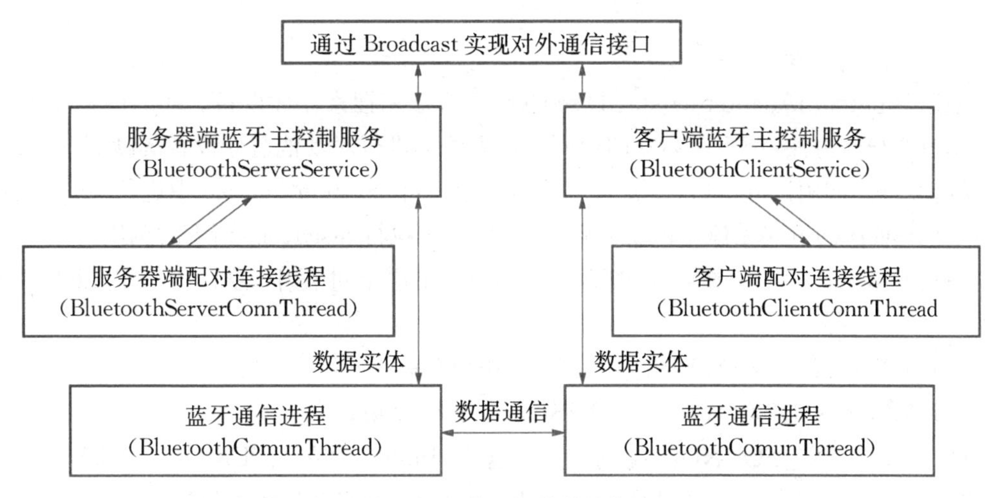

图 9－10　蓝牙通信的结构图

一、使用蓝牙的响应权限

在 AndoridManfifest. xml 使用蓝牙的响应权限，代码如下：

```
<uses-permission android: name = "android. permission. BLUETOOTH" />
<uses-permission android: name = "android. permission. BLUETOOTH_ADMIN" />
```

二、配置本机蓝牙模块

配置蓝牙模块主要使用蓝牙核心类 BluetoothAdapter，代码如下：

```
BluetoothAdapter adapter = BluetoothAdapter. getDefaultAdapter( );
//直接打开系统的蓝牙设置面板
Intent intent = new Intent(BluetoothAdapter. ACTION_REQUEST_ENABLE);
startActivityForResult(intent,0x1);
//直接打开蓝牙
adapter. enable( );
//关闭蓝牙
adapter. disable( );
//打开本机的蓝牙发现功能(默认打开 120 秒,可以将时间最多延长至 300 秒)
discoverableIntent. putExtra ( BluetoothAdapter. EXTRA _ DISCOVERABLE _
DURATION,300);//设置持续时间(最多 300 秒)
Intent discoveryIntent = new Intent(BluetoothAdapter. ACTION _ REQUEST _
DISCOVERABLE);
```

三、搜索蓝牙设备

使用 BluetoothAdapter 的 startDiscovery( )方法来搜索蓝牙设备。startDiscovery( )方法是一个异步方法,调用后会立即返回。该方法会进行对其他蓝牙设备的搜索,该过程会持续 12 秒。调用该方法后,搜索过程实际上在一个 System Service 中进行,可以调用 cancelDiscovery( )方法来停止搜索(该方法可以在未执行 discovery 请求时调用)。

请求 Discovery 后,系统开始搜索蓝牙设备,在这个过程中,系统会发送以下 3 个广播:

(1) ACTION_DISCOVERY_START:开始搜索;

(2) ACTION_DISCOVERY_FINISHED:搜索结束;

(3) ACTION_FOUND:找到设备,这个 Intent 中包含 EXTRA_DEVICE 和 EXTRA_CLASS 两个 extra fields,分别为 BluetooDevice 和 BluetoothClass。

可以注册相应的 BroadcastReceiver 来接收响应的广播,以便实现某些功能。代码如下:

```
// 创建一个接收 ACTION_FOUND 广播的 BroadcastReceiver
private final BroadcastReceiver mReceiver = new BroadcastReceiver( ) {
    public void onReceive(Context context,Intent intent) {
        String action = intent.getAction( );
        // 发现设备
        if (BluetoothDevice.ACTION_FOUND.equals(action)) {
            // 从 Intent 中获取设备对象
          BluetoothDevice device = intent. getParcelableExtra
(BluetoothDevice.EXTRA_DEVICE);
          // 将设备名称和地址放入 array adapter,以便在 ListView 中显示
          mArrayAdapter.add ( device. getName ( ) + "\n" + device.
getAddress( ));
        }
    }
};
// 注册 BroadcastReceiver
IntentFilter filter = new IntentFilter(BluetoothDevice.ACTION_FOUND);
registerReceiver(mReceiver,filter); // 不要忘了之后解除绑定
```

四、蓝牙 Socket 通信

如果打算建议连接两个蓝牙设备,必须实现服务器端与客户端的机制。当两个设备在同一个 RFCOMM channel 下分别拥有一个连接的 BluetoothSocket,这两个设备才可

以说建立了连接。

服务器设备与客户端设备获取 BluetoothSocket 的途径是不同的。服务器设备是通过接收一个 incoming connection 来获取，客户端设备则是通过打开一个到服务器的 RFCOMM channel 来获取的。

1. 服务器端的实现

通过调用 BluetoothAdapter 的 listenUsingRfcommWithServiceRecord（String, UUID）方法来获取 BluetoothServerSocket（UUID 用于客户端与服务器端之间的配对）。

调用 BluetoothServerSocket 的 accept（）方法监听连接请求，如果收到请求，则返回一个 BluetoothSocket 实例（此方法为 block 方法，应置于新线程中）。

如果不想再接收其他连接，则调用 BluetoothServerSocket 的 close（）方法释放资源（调用该方法后，之前获得的 BluetoothSocket 实例并没有关闭。但由于 RFCOMM 在一个时刻只允许在一条 channel 中有一个连接，因此一般在接收一个连接后，便关闭 BluetoothServerSocket）。服务器端的代码如下：

```
private class AcceptThread extends Thread {
  private final BluetoothServerSocket mmServerSocket;

  public AcceptThread() {
    // Use a temporary object that is later assigned to mmServerSocket,
    // because mmServerSocket is final
    BluetoothServerSocket tmp = null;
    try {
      // MY_UUID is the app"s UUID string,also used by the client code
      tmp = mBluetoothAdapter. listenUsingRfcommWithServiceRecord(NAME,
MY_UUID);
    } catch (IOException e) { }
    mmServerSocket = tmp;
  }
  public void run() {
    BluetoothSocket socket = null;
    // Keep listening until exception occurs or a socket is returned
    while (true) {
      try {
        socket = mmServerSocket.accept();
      } catch (IOException e) {
        break;
      }
      // If a connection was accepted
```

```
            if (socket != null) {
                // Do work to manage the connection (in a separate thread)
                manageConnectedSocket(socket);
                mmServerSocket.close();
                break;
            }
        }
    }

    /** Will cancel the listening socket,and cause the thread to finish */
    public void cancel() {
        try {
            mmServerSocket.close();
        } catch (IOException e) { }
    }
}
```

2. 客户端的实现

通过搜索得到服务器端的 BluetoothService，调用 BluetoothService 的 listenUsingRfcommWithServiceRecord(String，UUID)方法，获取 BluetoothSocket(该 UUID 应该与服务器端的 UUID 相同)。

调用 BluetoothSocket 的 connect()方法(block 方法)，如果 UUID 同服务器端的 UUID 匹配，并且连接被服务器端接收，则 connect()方法返回。

注意：在调用 connect()方法之前，应当确定当前没有搜索设备，否则连接会变得非常慢且容易失败。客户端的代码如下：

```
private class ConnectThread extends Thread {
    private final BluetoothSocket mmSocket;
    private final BluetoothDevice mmDevice;

    public ConnectThread(BluetoothDevice device) {
        // Use a temporary object that is later assigned to mmSocket,
        // because mmSocket is final
        BluetoothSocket tmp = null;
        mmDevice = device;

        // Get a BluetoothSocket to connect with the given BluetoothDevice
```

```
    try {
      // MY_UUID is the app's UUID string,also used by the server code tmp =
device.createRfcommSocketToServiceRecord(MY_UUID);
    } catch (IOException e) { }
    mmSocket = tmp;
  }

  public void run() {
    // Cancel discovery because it will slow down the connection
    mBluetoothAdapter.cancelDiscovery();

    try {
      // Connect the device through the socket. This will block
      // until it succeeds or throws an exception
      mmSocket.connect();
    } catch (IOException connectException) {
      // Unable to connect; close the socket and get out
      try {
        mmSocket.close();
      } catch (IOException closeException) { }
      return;
    }

    // Do work to manage the connection (in a separate thread)
    manageConnectedSocket(mmSocket);
  }

  /** Will cancel an in-progress connection,and close the socket */
  public void cancel() {
    try {
      mmSocket.close();
    } catch (IOException e) { }
  }
}
```

3. 连接管理(数据通信)

分别通过 BluetoothSocket 的 getInputStream()和 getOutputStream()方法获取 InputStream 和 OutputStream,使用 read(bytes[])和 write(bytes[])方法分别进行读写操作。

注意：read(bytes[ ])方法会一直 block，直到从流中读取到信息，而 write(bytes[ ])方法并不经常 block。（如另一设备没有及时 read 或者中间缓冲区已满时，write 方法会 block。）

```
private class ConnectedThread extends Thread {
    private final BluetoothSocket mmSocket;
    private final InputStream mmInStream;
    private final OutputStream mmOutStream;

    public ConnectedThread(BluetoothSocket socket) {
      mmSocket = socket;
      InputStream tmpIn = null;
      OutputStream tmpOut = null;

      // Get the input and output streams,using temp objects because
      // member streams are final
      try {
        tmpIn = socket.getInputStream();
        tmpOut = socket.getOutputStream();
      } catch (IOException e) { }

      mmInStream = tmpIn;
      mmOutStream = tmpOut;
    }

    public void run() {
      byte[] buffer = new byte[1024];  // buffer store for the stream
      int bytes; // bytes returned from read()

      // Keep listening to the InputStream until an exception occurs
      while (true) {
        try {
          // Read from the InputStream
          bytes = mmInStream.read(buffer);
          // Send the obtained bytes to the UI Activity
          mHandler.obtainMessage(MESSAGE_READ,bytes, -1,buffer)
              .sendToTarget();
        } catch (IOException e) {
          break;
        }
      }
```

```
    }

    /* Call this from the main Activity to send data to the remote device */
    public void write(byte[] bytes) {
      try {
        mmOutStream.write(bytes);
      } catch (IOException e) { }
    }

    /* Call this from the main Activity to shutdown the connection */
    public void cancel() {
      try {
        mmSocket.close();
      } catch (IOException e) { }
    }
  }
```

9.3.3 访问智能电表或插座的命令格式

以基于转接器的智能手机访问智能电表或插座的命令链路，如图 9－11 所示。

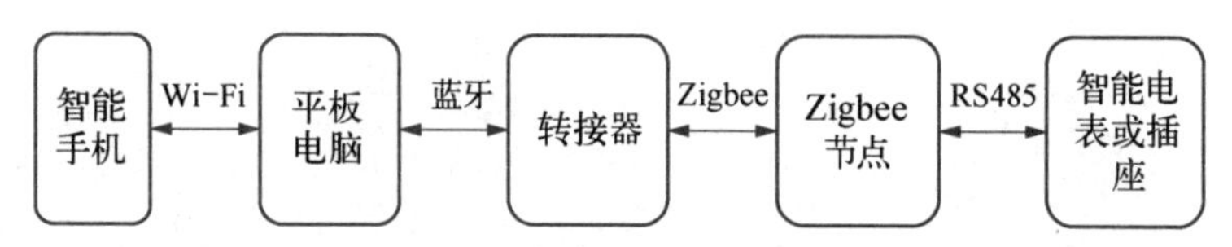

图 9－11　基于转接器的智能手机访问智能电表或插座的命令链路

在该种结构下，智能手机或平板电脑发出的访问智能电表或插座的命令格式为Zigbee 地址＋读电表(插座)的命令。

然后在 Handler 的消息处理代码如下：

```
case MESSAGE_READ:
        if(readMessage.contains("AT+AA_RS485RX=0103"))
        {
            int weizhi = readMessage.indexOf("=");
            String dianbiao = readMessage.substring(weizhi+7,weizhi+15);
            float dian = Integer.parseInt(dianbiao,16);
            float diansend = dian*250*1*600*0.1f/18000000;
            UDPClientSocket.send(String.Valueof(diansend),IP_Address,PORT);
        }
```

本章小结

物联网的迅速发展催生了智能电表或插座的远程访问，本章介绍智能电表和插座的远程访问接口格式，介绍智能手机访问智能电表或插座的方案、Android 访问智能电表或智能插座的实现方案，包括智能手机和平板电脑之间的数据通信、平板电脑和转接器之间的蓝牙通信。

参考文献

[1] 张新星. 基于 Android 手机的智能插座设计. 浙江大学硕士论文，2014.

[2] 雷擎，伊凡. 基于 Android 平台的移动互联网开发. 清华大学出版社，2014.

[3] 危光辉，罗文. 移动互联网概论. 机械工业出版社，2014.

[4] 徐红，张炯. 基于 Android 的智能设备应用开发. 东软电子出版社，2013.

[5] htttp://www. eclipse. org/downloads/

[6] http://www. sqlite. org

[7] https://developers. google. com/maps/

[8] http://open. baidu. com/

图书在版编目(CIP)数据

基于Android平台的移动终端应用开发实践/何福贵编著. —上海:复旦大学出版社,2015.7
(高职高专精品课系列)
ISBN 978-7-309-11493-5

Ⅰ. 基… Ⅱ. 何… Ⅲ. 移动终端-应用程序-程序设计-高等职业教育-教材 Ⅳ. TN929.53

中国版本图书馆CIP数据核字(2015)第112515号

基于Android平台的移动终端应用开发实践
何福贵　编著
责任编辑/梁　玲

复旦大学出版社有限公司出版发行
上海市国权路579号　邮编:200433
网址:fupnet@fudanpress.com　http://www.fudanpress.com
门市零售:86-21-65642857　团体订购:86-21-65118853
外埠邮购:86-21-65109143
上海春秋印刷厂

开本 787×1092　1/16　印张 14.25　字数 296 千
2015年7月第1版第1次印刷

ISBN 978-7-309-11493-5/T·535
定价: 39.00元
